Mythos Agilität

Dominique Stroh

Mythos Agilität

Wie New Work wirklich gelingt

1. Auflage

Schäffer-Poeschel Verlag Stuttgart

Bibliografische Information der Deutschen Nationalbibliothek

Die Deutsche Nationalbibliothek verzeichnet diese Publikation in der Deutschen Nationalbibliografie; detaillierte bibliografische Daten sind im Internet über http://dnb.dnb.de/ abrufbar.

Print: ISBN 978-3-7910-5238-0   Bestell-Nr. 10653-0001
ePub: ISBN 978-3-7910-5239-7   Bestell-Nr. 10653-0100
ePDF: ISBN 978-3-7910-5240-3   Bestell-Nr. 10653-0150

Dominique Stroh
Mythos Agilität
1. Auflage, September 2021

© 2021 Schäffer-Poeschel Verlag für Wirtschaft · Steuern · Recht GmbH
www.schaeffer-poeschel.de
service@schaeffer-poeschel.de

Bildnachweis (Cover): © Anja v. Klitzing-Bantzhaff

Produktmanagement: Dr. Frank Baumgärtner
Lektorat: Elke Renz, Stutensee

Schäffer-Poeschel Verlag Stuttgart
Ein Unternehmen der Haufe Group

Vorwort

Dieses Buch ist anders.

In den letzten Jahren haben wir uns eine Arbeitswelt geschaffen, die in einem neuen Glanz erscheint. Es werden New-Work-Awards verliehen, obwohl New Work doch, ideologisch betrachtet, keinen Wettbewerb untereinander darstellen sollte?! Oder doch: Ellenbogen raus? Manche arbeiten ganz wie Spotify in Chaptern. Sie haben keine Führungskräfte und wenn doch, werden diese inzwischen von den Mitarbeitenden gewählt. Und die »Nicht-Führungskräfte« heißen Product Owner oder Scrum Master und führen zum Schluss doch nach klassischen Prinzipien. Und nicht zuletzt haben wir Methoden aus der agilen Welt, die uns näher am Markt arbeiten lassen. Komplex und so.

Aber ist das wirklich agil? Oder New Work? Frithjof Bergmann bringt es eigentlich auf den Punkt: »Für viele ist New Work etwas, was Arbeit ein bisschen reizvoller macht, quasi Lohnarbeit im Minirock« (Bergmann 2018)!

Ist die Debatte um New Work vielleicht zu einseitig? Und wieso muss es ohne Führung gehen, wenn Mitarbeitende gleichzeitig gerne jemanden hätten? Und muss es überhaupt nur *eine* Antwort geben?!

Der Arbeitgeber soll den Purpose in den Fokus stellen. Aber wie sieht es mit jedem einzelnen Mitarbeitenden aus – nun, dieser soll sich doch bitte nicht mehr wie ein »Konsument« verhalten. Immerhin möchten wir uns doch alle selbst verwirklichen! Also soll dieser bitte ab sofort autonom arbeiten.

Ja, ja. Diese Trends. Erst springt man nicht auf, auf den Zug der Veränderung. Dann kann es nicht schnell genug gehen. Die Unternehmensgeschichte bleibt dabei gerne auf der Strecke. Das, was die Organisation bisher ausgemacht hat. Hauptsache dabei sein. Schnell agil werden.

Was läuft da schief? Und war *damit* New Work gemeint?

Wir gehen dem Mythos auf den Grund. Dabei wird dir als Leser:in einiges auffallen. Nämlich dass kein(e) Berater:in, Expert:in oder Führungskraft die Antwort auf die Frage hat. Es gibt nämlich sehr viele Antworten und sicherlich doppelt so viele Fragen.

Aber eine Antwort möchte ich doch vorwegnehmen. Es geht um Werte. Kein »Mindset-Geschwätz«, sondern das Bewusstsein um die Basis jeglicher Arbeit: Vertrauen. Und damit um Fragen, die wir noch nicht ernsthaft beantwortet haben: Wie wollen wir leben? Wie wollen wir arbeiten? Wie sollten wir »selbstbestimmten Menschen« unsere Zukunft gestalten?

Dieses Buch klärt, ob die aktuelle New-Work-Debatte den richtigen Weg eingeschlagen hat. Und Agilität überhaupt richtig verstanden wird – gar gebraucht wird?

Also, was ist wirklich wichtig in einer heutigen Arbeitswelt? Und wie wird der Rahmen dafür aus kulturellen Aspekten geschaffen? Muss der Weg agil sein? Was müssen wir heute schon unternehmen, um das Morgen zu gestalten? Und inwieweit sollten wir auch gesellschaftliche Fragen klären, die mit der Arbeitswelt eng verbunden sind?

Wir werden vielen Fragen gemeinsam auf den Grund gehen. Es wird darum gehen, Kultur – also die Idee eines komplexen Systems aus Werten, Normen, Verhaltensstrukturen – und das Selbstverständnis eines Unternehmens zu hinterfragen, aber auch neu zu denken in einer dynamischen Zeit wie dieser.

Wir werden Agilität in der systemischen Perspektive ihres Erfinders Talcott Parsons betrachten, um darauf aufbauend New Work in dessen Grundidee zu diskutieren und dabei auch Frithjof Bergmanns Wegbegleiter zu hören. Aber wir werden auch Überlegungen anstellen, wie unsere Gesellschaft von morgen arbeiten wird.

Diese vielen Fragen kann kein Einzelner beantworten. Daher habe ich ganz unterschiedliche Menschen und Organisationen eingeladen, mit mir ihre Perspektive von New Work zu teilen. Ganz subjektiv. So, wie jeder von uns die (Arbeits-) Welt betrachtet, auf unterschiedliche Weise. Wenn wir lernen, gemeinsam die Arbeitswelt zu hinterfragen und zu verbessern, dann können wir echte Diskussionen führen. Gemeinschaftlich.

Es geht nicht ums »Rechthaben«, es geht darum, unterschiedliche Blickwinkel zu nutzen, um ein Ganzes daraus zu gestalten.

Nebenbei vergessen wir gerne, dass das Hinterfragen der Arbeitswelt in unserem Naturell liegt. Schon seit der damaligen Industrialisierung noch vor dem Taylorismus, nämlich in der Textilindustrie, zu Beginn in England, hatte sich das damalige Proletariat gefragt, inwieweit es gesund ist, 16 Stunden am Tag zu arbeiten.

Also ist dieses Buch ein Gemeinschaftsprojekt. Einige Gastbeiträge – aus ganz unterschiedlichen Bereichen und manche gar nicht agil, andere umso mehr – schreiben mit mir gemeinsam über die Zukunft der Arbeit. Dies auf ganz unterschiedliche Art und Weise, weder zu wissenschaftlich noch zu pragmatisch. Eine gesunde Mischung, mit der Idee, es einfach und zugänglich zu machen. Für alle Interessierten.

Dieses Buch ist aber auch eine Einladung an dich als Leser:in. Wir gestalten New Work und agiles Arbeiten nur, wenn wir lernen, im Morgen zu denken und im Heute zu handeln. Nicht unsere Meinung in den Fokus zu rücken, sondern unterschiedliche Meinungen zu akzeptieren, auf diesen aufzubauen und Lösungen zu finden.

Theorie und Praxis geben sich hier die Hand. Mach mit und lass uns die nächste Etappe zukünftigen Arbeitens gemeinsam gestalten.

Inhaltsverzeichnis

Einleitung

Veränderung ist inzwischen Status quo. Viele Organisationen haben bereits verstanden, dass es wichtig ist, sich an die komplexe Welt anzupassen. Aber eines scheint noch völlig ignoriert zu werden: was Agilität im Sinne des Erfinders wirklich bedeutet. Das zeigt die Projektlandschaft, wenn es um Change-Initiativen geht, die Transformationen projektieren. Wenn Organisationen nämlich immer noch glauben, dass eine Transformation und die damit einhergehende Kulturveränderung ein abgeschlossenes Projekt darstellen, werden sie womöglich morgen nicht mehr existieren.

Dementsprechend möchte ich in diesem Buch eine Einladung aussprechen, New Work und Agilität in deren aktuellen Ideen nicht als gesetzt zu betrachten, sondern im Rahmen der Veränderung einen intellektuellen, gerne auch pragmatischen Diskurs zu starten.

Transformation bedeutet »Prozess der Veränderung«. Aber dieser Prozess ist weder abgeschlossen noch als Projektziel zu verstehen. Vielmehr ist es ein andauerndes »Mit-sich-selbst-Beschäftigen«, angepasst an Welt- und Marktereignisse, also gepaart mit dem einhergehenden gesellschaftlichen Wandel. Und wenn das Verständnis folgt, dass wir in einer komplexen Welt stetig in der Lage sein müssen, uns zu verändern und weiterzuentwickeln, müssen wir gleichzeitig Organisationen bis hin zum Individuum dazu befähigen, dies auch zu tun. Das Konzept organisationales Lernen ist eine mögliche Antwort, die sicherlich weiter ausgearbeitet werden muss. Und genau dafür ist dieses Buch gedacht. Als Leser:in findest du ganz konkrete Ideen zur direkten Umsetzung, manchmal auch Fragen oder wilde Thesen. Immer mit dem Ziel, nichts final zu beschreiben, aber permanent gemeinsam zu diskutieren.

Wir werden uns zu Beginn des Buches damit auseinandersetzen, wieso Agilität eher einer Lüge gleicht (Kap. 1). Ebenso mit der Wichtigkeit, das Konzept zu hinterfragen und weiterzudenken, angepasst auf die jeweilige Organisation.

Dabei betrachten wir Change-Konzepte mit der Überlegung, ob Lewin nicht sogar selbst sein Konzept längst überarbeitet hätte. Auch der Homo Oeconomicus bekommt sein Fett weg. Aber es soll nicht darum gehen, *alles* kritisch zu hinterfragen und dem neuen Glanz der New-Work-Szene zu huldigen. Nein! Gerade alte Theorien und Geschichten von Unternehmen haben ihren Wert. Deswegen hören wir uns auch an, was viele unterschiedliche Persönlichkeiten über Arbeiten denken (Kap. 2). Mit Geschichten, Wünschen, Thesen und pragmatischen Vorschlägen erzählen Mitarbeitende, Berater:innen und Expert:innen, wie sie New Work sehen oder sehen wollen. Von Mensch zu Mensch. Und um das immer wieder zu betonen: Jeder hat eine Idee, wie Arbeiten aussehen kann. Unterschiedliches beschäftigt sie dabei: Wörter, die in den Köpfen der Menschen durch leichte Tools zu Bildern werden; ein Ansatz, Lohnsysteme neu zu denken oder die Frage, was Führung ausmachen kann. Aber auch, welches Schulsystem die Zukunft von New Work prägen könnte.

Jeder kann dazu mitdiskutieren, um aus dem Mythos ein nahbares New-Work-Erlebnis zu machen.

Genau das passiert in der *Transformation*-Werkstatt (Kap. 3), in der ich dir als Leser:in beschreibe, wie eine Transformation bottom-up gestaltet werden kann. Es zeigt sich auch hier, dass die Mitarbeitenden die besten Unternehmensberater:innen sind. Und irgendwie auch, dass es weniger um hippe Methoden geht als um den Wunsch nach einer Kultur, die einen jeden Tag gerne zur Arbeit kommen lässt.

Auch die Schattenseiten finden ihren Platz (Kap. 4). Denn was bringt all der Wandel, wenn kulturell der Weg dafür noch gar nicht geebnet ist? Wenn Vertrauen gepredigt und Kontrolle geflüstert wird?

Final werden wir dann dem Mythos Agilität die Stirn bieten und das Buch gemeinsam reflektieren (Kap. 5). Welche offenen Fragen weiterhin nicht geklärt sind, aber deine Ideen brauchen. Welche Antworten gefunden wurden und welche Chancen das ermöglicht, New Work als Konzept zu leben oder eben nicht.

1 Die Agilitätslüge

1.1 Irrglaube: Agilität als Umsatz-Booster

Ideology is a system of beliefs, held in common by the members of a collectivity.
Talcott Parsons (1951, S. 349–50)

Haben wir um die New-Work-Debatte ein Glaubenssystem geschaffen? Und ketzerisch betrachtet: Lassen wir es auch nicht zu, den eingeschlagenen Weg zu hinterfragen?

Die letzten Jahre haben sich reichlich Anhänger gefunden, die Arbeitswelt von morgen, meist dann doch eher die von heute, neu zu denken. Dabei wurden Methodik und Prozesse aus der Scrum-Welt oder dem Design Thinking in vielen Organisationen etabliert, *Innovation Labs* geschaffen und Führung teilweise abgeschafft, da wir ja nun selbstorganisiert sind. Schon zu Beginn hat sich allerdings abgezeichnet, dass viele der Mitarbeitenden und auch die Führungsebene dem Ganzen kulturell nicht gewachsen waren.

Noch nicht.

Damit ging die Feststellung einher, dass wir an unserem Mindset arbeiten müssen. Mit dem dynamischen *Growth Mindset* – eben statt des statischen *Fixed Mindset* – war ein neuer Meilenstein gefunden: die Entwicklung von Persönlichkeiten, individuell.

Was haben wir uns dabei erhofft? – Richtig! Eine Antwort auf die stetig wachsende Komplexität.

Aus humanistischem Blickwinkel ist die Entwicklung der New-Work-Debatte sensationell. So viele unterschiedliche Themen werden berücksichtigt, seien es Gender-Debatten, Arbeitsplatzgestaltung oder, wie oben angeführt, die Art, Arbeit neu zu denken.

Kommen wir aber zu dem Irrglauben der Agilität.

Macht Design Thinking gleich innovativ? Und helfen Sprints wirklich, die Schnelllebigkeit des Marktes zu »bekämpfen«? Und überhaupt, ist unter der Betrachtung von Scrum-Werten wie Transparenz, Offenheit oder Fokus, die im Scrum Guide oder auch anderen »Methologien« entworfen werden, nicht schon die Lüge offensichtlich?

ZERTIFIKATE MACHEN NOCH KEINE NEW-WORK-MEISTER

Wir haben in Deutschland schon immer ein Faible für Nachweise gehabt. Während die USA »Think big!« schreien und den Studienabbrecher von Stanford feiern, würde hier jemand, der keine Scrum-Zertifizierung hat, wohl kaum als Scrum Master tätig werden. Also was ist passiert? Wir haben unsere Mitarbeitenden in das Zwei-Tage-Seminar gesteckt, schnell den Stresstest machen lassen, in dem man 60 Minuten Zeit hat, 80 Fragen (aber nur auf Englisch) zu beantworten, um dann fertige Coaches zu empfangen. Prächtig, oder? So effizient kann Ausbildung sein.

Wozu brauchen wir überhaupt Agilität? – Die Idee ist, mit unklaren Marktbedingungen und einem nicht mehr langfristig planbaren Weg sinnvoll umgehen zu können. Es ist aber ebenso die Idee vieler Methoden und Prozesse aus dem agilen Werkzeugkoffer, dass Fehler gemacht werden (dürfen). Also eine echte Lernkultur zu schaffen. Stetig besser zu werden. Es geht um schnelles Erkennen von Fehlern und deren Evaluierung, um dann abzuleiten, wie es weitergeht.

Warum kann das nicht so einfach funktionieren?

Eine Organisation lässt sich sehr gut auf drei Ebenen betrachten. Das eigentliche System, die Organisation. Hierunter fallen die *Kultur* und der Organisationsaufbau. Es folgt die *Struktur*, die Ablauforganisation. Also wie werden Informationen verteilt, welche Prozesse sind dahinter bzw. gibt es grundsätzlich, usw.

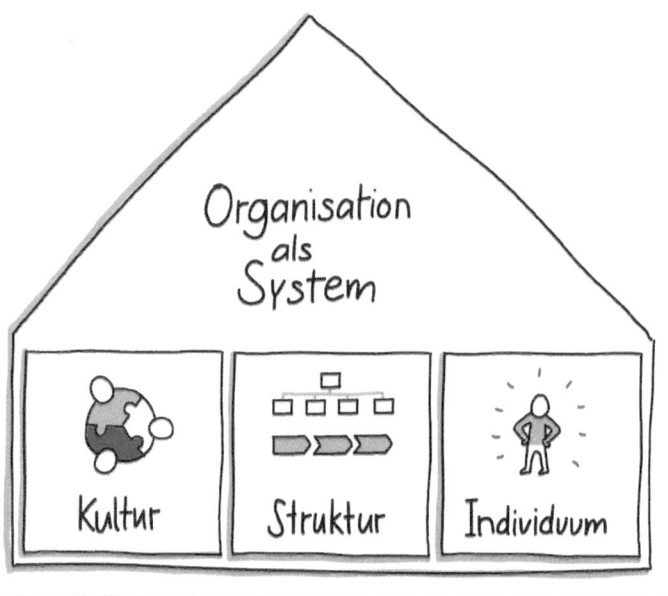

Abb. 1: Organisation als System

Dann folgt eine Variable, die zu selten tiefgreifender betrachtet wird – das *Individuum*, der oder die Mitarbeitende. Dass der Blick da an der Oberfläche bleibt, hat einen Grund: Sich auf jeden einzelnen Mitarbeiter konzentrieren kostet zu viele Ressourcen. **Dabei vernachlässigen wir allerdings einen wesentlichen Faktor: Der Mensch macht die Kultur.** Und nur, wenn die Unternehmenskultur ausgeglichen ist und man gerne zur Arbeit kommt, funktionieren die Prozesse – also die Struktur. Und stehen wir nicht alle auf eine hohe Arbeitsproduktivität?! Nicht zuletzt auf stetiges Wachstum?

Na, endlich wir kommen der Sache näher!

Menschen, also unsere Mitarbeiter:innen, machen den Nutzen und den Wert des Unternehmens (der Organisation) aus. Mit ihrer Arbeitskraft und ihrem Wissen. Manager:innen zeigen die Richtung – kein unwesentlicher Faktor. Aber wer macht die Arbeit?

Das *Ziel* jeglicher Transformation ist zumeist das Problem. John Kotter hat vor allem in einer Sache recht behalten, wenn es um Veränderungsprozesse geht: Wir brauchen einen *»sense of urgency«* – uns muss die Dringlichkeit bewusstwerden.

Aber was ist dringend? In der Regel wird es unbequem, sobald die Zahlen nicht mehr stimmen. Also der Umsatz oder der Aktienwert fällt. Daraufhin sind die eigentlichen Denker, unsere Strategen – das Management – meist sehr hektisch, es wird kurzfristig gedacht, anstatt nachhaltig *die* Organisation für diese schnelle und neue Welt zu gestalten. Anstatt eine lernende Organisation zu schaffen, die wirklich Innovationskraft beweist, folgt dann eine Reihe von Workshops zu Scrum und Design Thinking. Für den Kunden, versteht sich.

1.2   Das AGIL-Schema falsch verstanden?

In einer sich schnell verändernden (Wirtschafts-)Welt glauben wir, mit schnellen Antworten den richtigen Weg einzuschlagen. Das macht auch schon den ersten Teil der Agilitätslüge aus. Als sich um die 2010er die neu gedachte Form agilen Arbeitens als Scrum- und Design-Thinking-Mode ausdrückte, haben viele Organisationen anfänglich mit Design Thinking, dann mit Scrum experimentiert und neue Prozesse eingeführt. Es wurde dabei weder nach der Sinnhaftigkeit gefragt noch danach, wie agiles Arbeiten kulturell und bis zum Individuum nachhaltig eingeführt werden kann.

»**Moment mal!**«, denken nun einige Leser:innen. Aber lass uns auch gleich weiter sinnieren. Denn es gibt viel aufzuholen …

So, Moment zu Ende, Einwand abgewürgt. Ja, du hast richtig gelesen. Aber dieses Tempo, *diese* Idee von Change, wie sie teilweise bis heute gelebt wird, ist nicht die Antwort, um agiles Arbeiten zu etablieren. Der stetige Umsatzdruck ist eine Idee aus den Jahren des großen Wachstums, in denen ein Change-Projekt auf das andere folgte. Es ging darum, stetig mehr aus dem bisher Erarbeiteten zu holen. Der Effizienzgedanke ist immer noch sehr von unserem industriellen Leben geprägt – an der Stelle können wir kurz Taylor winken, er freut sich, seit über 100 Jahren noch so sehr glorifiziert zu werden.

Zurück zum Wesentlichen.

Wir haben einen entscheidenden Fehler bei der Einführung agiler Arbeitsweisen gemacht: Ein Change-Projekt aufgesetzt, schnell neue Arbeitsweisen ausgerollt, die uns den Kundenbedürf-nissen näherbringen sollten. Da wir aber keine großen Umsatzeinbrüche haben wollten, stürz-ten wir uns auf die Methoden und Prozesse, anstatt die Kultur und die Individuen in den Fokus zu nehmen. Agiles Arbeiten wurde zu sehr auf der *Struktur*ebene etabliert und betrachtet. Dabei war der Kerngedanke von Talcott Parsons ein anderer.

> HOMMAGE AN TALCOTT!
>
> *Parsons' Hauptinteresse war die Erarbeitung allgemeiner Muster für Veränderungspro-zesse aller menschlichen Gesellschaften.* Seine Theorie sollte zeit- und gesellschaftsun-abhängig sein. Sie sollte genau *eine* theoretische Grundlage für *alle* sozialen Vorgänge in jeder Gesellschaft bieten. Hierbei war Parsons gleichermaßen von der Ökonomie und der Psychologie geprägt.
>
> Im Verlauf hat er sich mit der *Stabilität einzelner Systeme* beschäftigt, geprägt von der funktionalistischen Sozialanthropologie. Diese war von einem überaus spannenden Ansatz begeistert, der gerade heute für uns relevant wäre (vgl. Kap. 3): **Gesellschaft stellt einen Organismus dar, in dem die Einzelteile eine bestimmte und bestimm-bare Funktion für die Erhaltung des Gesamtsystems haben.**

Und jetzt nochmal zum AGIL-Schema. Parsons hat dieses Modell anfangs für die Handlungs-theorie entworfen, später aber auch auf soziale Systeme angewendet.

»Der bedeutsamste Startpunkt unserer Vorgehensweise liegt in der Konzeption, dass Persön-lichkeitssysteme und soziale Systeme beide Handlungssysteme sind, und Kultur ein verallge-meinerter Aspekt der Organisation solcher Systeme ist« (Parsons/Bales 1955, S. 32/33).

Im Zuge seiner Ausführungen bezüglich sozialer Systeme muss für Parsons ein System vier Funktionen erfüllen, nämlich **Adaption** (Anpassung), **Goal Attainment** (Zielverfolgung), **Integ-ration** (Eingliederung) und **Latency** (Aufrechterhaltung).

Fangen wir mit **Latency** an und warum diese Funktion am meisten von allen verraten wurde durch die heutigen New-Work- und Agilitäts-Initiativen. Wenn wir uns diese Funktion der Auf-rechterhaltung anschauen, so ist es die Idee, Stabilität durch Werte, Muster und Strukturen zu erreichen. Weitergedacht und sinnvoll hinterfragt: Was macht uns als Organisation, System, Gesellschaft aus? **Was sollten wir aufrechterhalten?**

Es geht um Fragen der Kultur! Und zwar bitte nicht erst dann, wenn gerade auf der »Gefühls-eben« einiges im Argen liegt, was sich meist in Fluktuationsquoten und Krankheitstagen zeigt.

Kultur ist z. B. die Art und Weise, wie wir unter Kolleg:innen miteinander kommunizieren, wie Meetings gestaltet werden. Also der Umgangsstil: Ist er eher distanziert oder wird sich am Morgen erstmal ein flotter Spruch zugeworfen? Aber auch das Logo, die Gestaltung der Arbeitsplätze, die Routinen, das gemeinsame Mittagessen, womöglich in der Kantine, zählen zum Kulturgefüge. Letztendlich schenkt dies Mitarbeiter:innen Sicherheit und Zugehörigkeit. Und die wurde vielen sehr schnell entrissen.

Im Verlauf der New-Work- und Agilitätsdebatte haben sich viele Organisationen **anpassen** wollen, also dem **A des AGIL-Schemas** gerecht werden. Grundsätzlich nicht abwegig, aber schlichtweg auch nicht richtig. Wenn eine Organisation sich nachhaltig weiterentwickeln möchte, gilt es, sich auch ihre Historie bewusst zu machen, zu begreifen, was gut am schon Bestehenden ist und wie es nun weiterentwickelt werden kann. Womöglich sollten wir sogar Veränderung als Begriff streichen und Entwicklung lieber als Transformation betrachten – nämlich als Prozess. Dieser berücksichtigt allerdings die Kultur, die Identität der Organisation mit all ihren Werten, und baut darauf auf. Das **Goal** entsteht, wenn die Basis steht – die Kultur. **Das I des AGIL-Schema** möchte ich weiter deuten: **Integration** der Mitarbeitenden. Selbstorganisation ist nicht von heute auf morgen passiert. Viele Individuen müssen wieder lernen, dass sie mehr Freiraum erhalten und dass ihre Ideen gehört werden. Dann können der Markt und das Geschehen außerhalb viel besser integriert werden und es kann daraus Innovation wachsen. Aber dafür bedarf es echter Integration und Selbstorganisation der Mitarbeitenden.

Und dann noch etwas. **AGIL ist eine Haltung. Keine Methode.** Ich erlebe immer wieder, wie ein Scrum-Guide zum Heiligtum wird und es Streit darüber gibt, ob Design Thinking fünf oder sechs Phasen hat.

Also fangt von vorne an! Und hinterfragt die Muster des Denkens, Fühlens und Handelns in eurer Organisation. Gestaltet erst die Kultur und dann die Methoden neu. Bindet eure Leute ein, stellt die Kultur in den Mittelpunkt, wertschätzt das bisher Geschehene und baut darauf auf. Ihr seid ein Tanker und wollt ein Schnellboot werden? Was wäre, wenn ihr überlegt, was der Tanker gut kann, und lieber drauf aufbaut, euch treu bleibt? Vielleicht muss ja nur das Steuerboard schneller werden?

1.2.1   Tool: Agile Journey Quadrants

Tool AGILE JOURNEY QUADRANTS

Das Tool Agile Journey Quadrants soll eine Unterstützung sein, um einerseits die agile Reise nochmals zu hinterfragen. Oder sie überhaupt zu beginnen. Es soll aber auch gleichzeitig als Startpunkt betrachtet werden, um wesentliche Fragen zu klären, die dem AGIL-Schema gerecht werden. Besonders ist darauf zu achten, eben nicht alles neu und hipp machen zu wollen, um sich im Glanz der New-Work-Szene sonnen zu können. Es soll vielmehr dazu dienen, sich bewusst zu machen, für was die eigentliche Organisation bisher steht, was besonders gut an ihr ist, welche Werte einen getragen haben. Dann erst kann man die Zukunft betrachten. Also geht es um eine wertschätzende und nachhaltige Organisationsentwicklung.

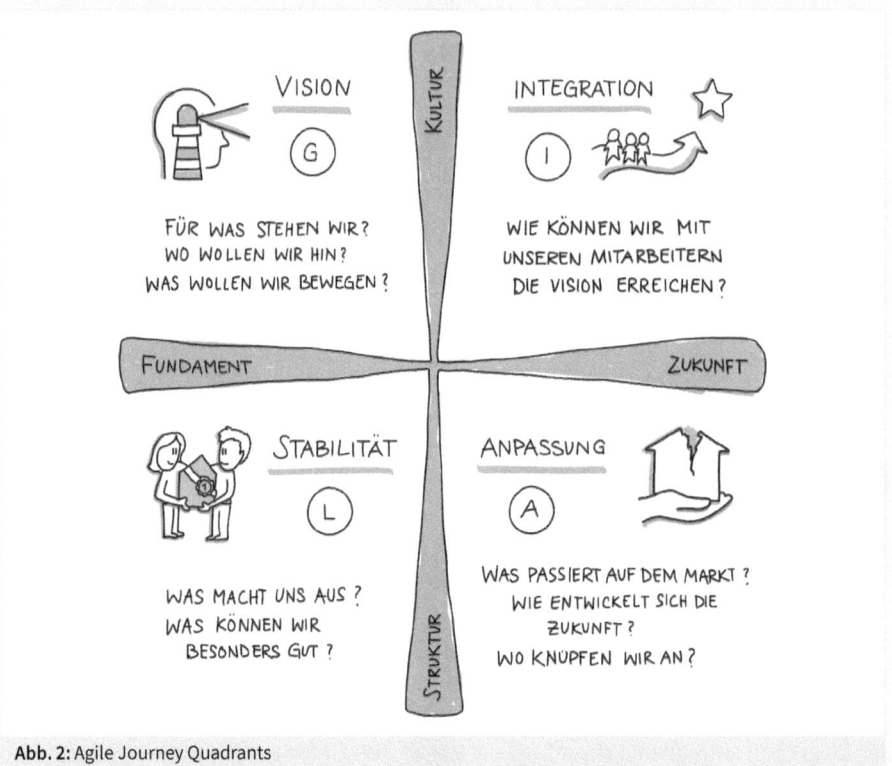

Abb. 2: Agile Journey Quadrants

Vorbereitung ist alles!

Um das Tool anzuwenden, empfiehlt sich ein Workshop. Dafür muss die erste Entscheidung getroffen werden: zum Teilnehmerkreis. Idealerweise ist es ein heterogener Kreis aus Mitarbeitenden verschiedener Abteilungen, dem Management und Stabstellen.

Es sollten maximal 8–10 Teilnehmer sein. Sie sollten den für die Teilnahme nötigen Freiraum geschaffen bekommen, also für diesen Workshop frei vom *daily business* sein. Auch alles Ablenkende sollte zu dem Zeitpunkt außen vor sein.

Sinnvoll kann es auch sein, die Teilnahme auszuschreiben, anstatt willkürlich einen Personenkreis festzulegen.

Dann mal los!

Der Workshop kann 2–3 Stunden dauern, worin jeder Quadrant ca. 30–45 Minuten Erarbeitungszeit hat. Idealerweise wird für dieses Format ein ganzer Workshop-Tag eingeräumt, denn dann ist die Ausarbeitung umso intensiver und qualitativer.

Der Quadrant **Stabilität** klärt das Bestehende: Historie, vergangene Erfolge und Leistungen, Werte und die Kultur dahinter. Was macht euch stolz? Was würde ein Kunde sagen, was er an euch schätzt? Was mögen die Mitarbeitenden? Was ist euer Qualitätssiegel? Und manches mehr.

Der Quadrant **Anpassung** klärt die Lücke zu neuen Erfolgen, Innovationen und Errungenschaften. Was bremst euch? Wo passieren Fehler, die sich wiederholen, ihr aber nicht daraus lernt? Was passiert auf dem Markt?

Im dritten Schritt besprecht ihr mit dem vorher geschärften Blick auf die Dinge eure **Vision**. Habt ihr eine? Passen eure Ziele dazu? Oder müssen sie angepasst werden? Ist eure Vision sinnstiftend und wegweisend? Formuliert zum Abschluss des Quadranten eine Vision mit den Teilnehmern. Hierzu kann jeder eine Vision formulieren und die Gruppe hat die Aufgabe, aus allen eine gemeinsame Vision zu gestalten.

Als letzten Quadranten besprecht ihr die **Integration** der Mitarbeiter:innen. Wie könnt ihr *gemeinsam* die Vision verfolgen? Und stimmt die Vision mit dem Markt ab – passt die Reise?

Ein kleiner Tipp zum Schluss: Es besteht auch die Möglichkeit, mehrere kleine 2–3-Stunden-Workshop-Formate umzusetzen, so können mehr spannende Ideen und Meinungen der Mitarbeitenden gesammelt werden.

1.3   Change ist out

The greatest danger in times of turbulence is not the turbulence;
it is to act with yesterday's logic.
Peter Drucker

Change heißt ja schlichtweg nichts Anderes als Verändern. Also wir »managen« die Veränderung. Allerdings managt die Veränderung doch schon längst uns! Mit dem ersten Tool von vorhin (Agile Journey Quadrants) möchte ich euch nicht einladen, danach ebenso in einen Projektmodus zu verfallen. Denn wir kommen nun zur nächsten Agilitätslüge: Change-Management.

Wir betrachten New Work, Agilität, Digitalisierung etc. immer noch sehr stark unter dem Blickwinkel von »Projekt aufsetzen und los geht's«. Allerdings ist das ein völlig falsches Vorgehen, eben mit der Logik von gestern.

Nach Kurt Lewin, dem »godfather« des Change-Managements, gab es drei sehr wichtige Phasen beim Gestalten von Veränderung. In seinem Modell aus den 1940er Jahren beschreibt Lewin ursprünglich die sozialen Veränderungen in einer Gesellschaft. Inzwischen wird das Drei-Phasen-Modell sehr gerne für Veränderungsprozesse in Organisationen genutzt.

Abb. 3: Drei-Phasen-Modell Kurt Lewins

Lewin beschreibt in seinem Modell zwei Arten von Kräften: antreibende und widerstrebende Kräfte. In der ersten Phase (Auftauen) sind die antreibenden Kräfte stark – die Veränderung wird initiiert. Die zweite Phase (Bewegen) wird als schmerzhaft oder auch anstrengend beschrieben – in der Regel, weil die Reaktion auf die »drohende Veränderung« (O-Ton Lewin) zu Widerständen führt und somit die Produktivität sinkt.

Ziel am Ende der Veränderung ist selbstverständlich eine höhere Produktivität als zu Beginn, oder zumindest eine vergleichbare unter den neuen Randbedingungen. Nicht zuletzt ist es Ziel, Stabilität herzustellen (Einfrieren nennt Lewin diese Phase).

Lass uns aber vielmehr ein paar Punkte sammeln, warum das Modell veraltet ist!

»Drohende Veränderung« ist dabei schon die Kernaussage. Wieso ist eine Veränderung für das Individuum bedrohlich? Oder gar für Organisationen? In unserer Zeit haben wir permanent mit Veränderung zu tun. Wenn dies für uns bedrohlich wirkt oder ist, dann befinden wir uns in einem Dauerstress-Zustand. Sicherlich haben einige Unternehmen genau diesen Zustand inzwischen erreicht, da sie nun einmal *mit der Logik von gestern* Markteinflüsse, Krisen, gesetzliche Parameter etc. – also Einflüsse von Außen – betrachten und danach handeln. Die Problematik liegt auf der Hand. Change-Management war in der Regel ein Top-down-Prozess. Es wurde also von oben eine Entscheidung getroffen, die es umzusetzen galt.

Was sind die Hürden dieser veralteten Form des Managements?
1. Stichwort Geschwindigkeit: Bis eine Entscheidung getroffen ist, hat sich das Problem schon zu einem viel größeren entwickelt oder hat sich verselbständigt.

2. Top-down ist keine gute Antwort auf den gesellschaftlichen Wandel, der Mitarbeiter:innen in ihrer Selbstbestimmung stärkt und somit das Bedürfnis belebt, »mitgestalten« zu dürfen.
3. Innovation entsteht durch Kreativität, die damals sehr vom Gründer geprägt war (bspw. Daimler) und inzwischen nur durch »die Kraft der Gemeinschaft«, also Schwarmintelligenz entstehen kann; diese braucht allerdings den Raum und die Zeit, kurz **Freiraum** für Kreativität.

Wie schaffen wir also eine nachhaltige Veränderungsbereitschaft? – Indem wir Transformation wirklich nutzen, um bis zum einzelnen Individuum mit Geduld und Hingabe das Bewusstsein zu entfalten, dass Verändern genauso alltäglich ist wie damals die Stechuhr während der Industrialisierung.

Ein weiterer spannender Aspekt ist das *Ziel,* mit der Veränderung mehr *Produktivität* zu erreichen. Die Fragestellung, die hierbei interessant wäre: Was ist denn der Sinn stetigen Wachstums? Und ist Wachstum als kapitalistischer Grundpfeiler womöglich ebenso old fashioned, weil es womöglich andere, neue Wirtschaftskonzepte braucht?! Es geht nicht darum, Karl Marx wiederzubeleben, sondern darum, die Ideen aller bisher diskutierten und teils auch gelebten Wirtschaftsmodelle zu betrachten, weiterzudenken und eventuell neu zu definieren.

Kritisch zu beleuchten ist ebenso das Ziel, *Stabilität* herstellen zu wollen – aus heutiger Sicht ein Irrglaube. Wir sollten in der Lage sein, uns immer wieder neu zu erfinden. Viel wichtiger als Stabilität der *gesamten Organisation* ist die psychologische Sicherheit, die ein System für die Individuen gestaltet. Nur diese kann auch wieder für eine stabile Organisation sorgen, allerdings im Sinne von *Latency,* echter Kulturarbeit.

Fragen für einen bewussteren Umgang mit »Projekten«
- Wie wird Lernen in deiner Organisation gelebt?
- Wie wird Transformation in deiner Organisation gestaltet? Als permanenter Prozess oder abgeschlossenes Projekt?
- Wie wurden Projekte bisher aufgesetzt? Was war erfolgreich oder eben genau das Gegenteil?
- Was bedeutet Kultur in deiner Organisation?

1.4   Der Homo Oeconomicus ist tot

Schneller, besser, weiter, BWL?

Ach ja, das waren Zeiten in den Vorlesungen. Und obwohl das Bild des Nutzenmaximierers im Studium womöglich als eher theoretisches Modell gekennzeichnet wurde, folgte im Arbeitsleben bei Vielen die schreckliche Erkenntnis, nun auch ein Homo Oeconomicus zu sein – zumindest, wenn es nach dem Wunsch vieler Manager:innen ging, Menschen also, die auf Key-Performance-Indicators (KPI) bezogen handeln und arbeiten.

1.4.1 Was bedeutet eigentlich Homo Oeconomicus?

Angeblich (nach dem Modell) verfolgt der Homo Oeconomicus nur ökonomische Ziele und ist besonders durch Eigenschaften wie rationales Verhalten oder das Streben nach größtmöglichem Nutzen bekannt. Seine vortrefflichen Kenntnisse seiner wirtschaftlichen Entscheidungsmöglichkeiten und deren Folgen sowie die vollkommene Informiertheit über alle Märkte machen ihn/sie zu einem ganz »besonderen Tierchen« im Urwald des Kapitalismus. Wir wissen ja spätestens seit 2008 und der Finanzkrise, dass Menschen in der Arbeitswelt, insbesondere gut ausgebildete Manager:innen, »*sehr rational*« sind – also wahrlich eine fundierte Idee, einen Menschen so zu beschreiben ...

Das Problem an dem Modell liegt auf der Hand: Menschen sind keine Roboter, Maschinen oder KI-gesteuerte Software ohne Emotionen. Die wenigsten von uns verschieben Kurven oder jonglieren mit Formeln, bevor sie eine Entscheidung treffen. In der Psychologie geht man grundsätzlich davon aus, dass der Prozess des Entscheidens darin besteht, zuerst Alternativen zu benennen und Informationen zu sammeln, um danach die Wahlmöglichkeiten zu bewerten. Auf dieser Basis kommt es zu einer Handlungsabsicht – einer Entscheidung. Dabei spielt der zu erwartende Nutzen eine entscheidende Rolle. Und wie wägt man letztlich ab?

Albert Einstein zufolge ist alles, was zählt, die Intuition. Sie ist ein Zusammenspiel sämtlicher Erfahrungen und Erinnerungen, die wir im Laufe unseres Lebens gesammelt haben.

1.4.2 Menschliche Entscheider sind anders

Gefühl siegt über Verstand
Der portugiesische Neurowissenschaftler António R. Damásio stieß auf eine sehr wichtige Erkenntnis. Über Monate hinweg untersuchte er einen Tumorpatienten und sein Verhalten. »Elliot« war ein Hirntumor entfernt worden, wodurch Teile seines präfrontalen Kortex beschädigt wurden. **So hatte er die Fähigkeit zu fühlen verloren und konnte plötzlich keine Entscheidungen mehr treffen.** Die Erkenntnis der Rolle von Gefühlen und Körperempfindungen in der Entscheidungsfindung kam völlig unerwartet, denn von der Antike bis ins 20. Jahrhundert war die herrschende Meinung: Menschen entscheiden rational; Gefühle stören dabei nur. Manche Manager:innen scheinen jedoch immer noch in der Antike zu verharren.

Bis heute weiß die Neurowissenschaft als Fachgebiet, das sich stetig weiterentwickelt, dass der Mensch keinen »freien Willen« hat. So auch Gerald Hüther (2015): »Freie Entscheidungen und Handlungen sind durchaus determiniert, also kausal bestimmt«.

Der Homo Oeconomicus hat eigentlich nie gelebt!

Allerdings gibt es hierbei ein zentrales Problem: **Je mehr wir den Homo oeconomicus ablösen durch das realistischere Bild eines menschlichen Entscheiders, umso unberechenbarer wird dieser, und umso schwieriger wird es, gerade in diesen komplexen Zeiten, sachliche Entscheidungen zu treffen.**

Und nun? *Anerkennen, dass Entscheidungen nicht von Einzelnen getroffen werden können!*

Kein CEO, kein einzelner Lagermitarbeiter, keine einzelne Frau und kein Mann sollten davon ausgehen, dass ihre Entscheidung zu 100 % rational ist. Wir handeln stets subjektiv und emotional.

Ebenso sollten wir uns bewusstmachen, dass wir weder über KPI noch Management by Objectives (MbO) die Zukunft gestalten oder managen können. Es ist sicherlich eine Grundlage, aber Zahlenjongleure, die sich für einen Homo Oeconomicus halten und darauf ihren Umgang mit Mitarbeiter:innen gründen, sind für die Wirtschaftswelt, in der wir jetzt arbeiten und leben, nicht gemacht.

Eine Lösung: Kollektives Entscheiden.

1.4.3   Entscheidungen kollektiver gestalten

Die Systemtheorie hat einen interessanten Vorschlag, der als New-Work-Debatte sicherlich weiter ausgearbeitet werden müsste. Niklas **Luhmann geht davon aus** (vor dem Hintergrund der neueren Entwicklungen in der betriebswirtschaftlichen Entscheidungsforschung), **dass es sinnvoll ist, Entscheidungen kollektiv zu fällen** (vgl. u. a. Elbe 2016). So besteht die Möglichkeit, weitestgehend rational zu handeln. Denn durch kollektive Kognition können Gruppen mehr leisten als der Einzelne.

Dass Gruppen bei der Lösung bestimmter Probleme klüger entscheiden als Einzelne, ist nebenbei ein alter Hut. Der amerikanische Wirtschaftskolumnist James Surowiecki erzählt in seinem Buch »Die Weisheit der Vielen« (2007), wie ein britischer Naturforscher dieses Phänomen bereits 1906 erkannte:

Francis Galton, ein Cousin Charles Darwins, besuchte einen Viehmarkt. Dort wurde das Publikum dazu aufgerufen, das Gewicht eines Ochsen zu schätzen. Galton berechnete den Mittelwert sämtlicher Schätzungen und erwartete das Ergebnis mit Skepsis. Zu seiner großen Überraschung fand er jedoch heraus, dass die Schätzung der Gruppe um weniger als 0,1 % vom tatsächlichen Gewicht des Ochsen abwich. Und er folgerte: »Der durchschnittliche Wettteilnehmer war in aller Wahrscheinlichkeit in gleicher Weise imstande, das Schlachtgewicht des Ochsen zu schätzen, wie der durchschnittliche Wähler den Sachgehalt der meisten politischen Fragen zu beurteilen imstande ist, über die er abstimmt.« (Galton, zit. n. Surowiecki 2007, S. 9)

Abb. 4: Kollektive Entscheidungen

Heute nennen wir das auch gerne Schwarmintelligenz. Unter Mathematikern: Wahrscheinlich-keitsrechnung. Die kollektive menschliche Intelligenz verwandelt und verästelt sich. Gedanken werden zu Wörtern, Wörter zu Sätzen, Sätze zu Aussagen, Aussagen zu Daten, Daten zu Mustern und Muster zu Trends. Im weiteren Sinne: Gemeinschaft.

Schwarmintelligenz lässt große Gruppen koordiniert handeln. Wikipedia teilt Wissen auf der ganzen Welt, Facebook mit seinen vernetzten Strukturen schafft Schwarmeffekte. Irgendwo wird eine Information eingespeist und dann durch Menschen, die sich kennen, auf Facebook weitergereicht – es werden Meinungen gebildet.

Wieso halten wir also am hierarchischen Organisationsmodell und an der Idee fest, dass eine Führungskraft das Ideal eines Homo Oeconomicus darstellt? Ganz im Sinne eines Menschen, der frei von Emotionen rein sachlich entscheiden kann und idealerweise (dank vieler Repor-tings) die nächsten drei Jahre prognostizieren soll?! Selbstverständlich alleine!

Entscheiden muss ja nicht zwangsläufig ohne Hierarchie sein oder gar ohne Führung. Aber es muss *freier* von Hierarchie, *liberaler* gestaltet werden, wenn eine Organisation New Work ernst meint. Wenn sie nicht nur New Work versteht, sondern auch die ernsthafte Gefahr, nicht zu überleben als Unternehmung, wenn weiter top-down entschieden wird. Denn die Arbeitswelt von Morgen braucht kollektive Entscheidungen. Dafür bedarf es methodische, prozessuale und strukturelle Angebote von der Unternehmensseite.

Die Fishbowl-Methode wird üblicherweise in einem größeren Moderationsrahmen genutzt, bspw. Konferenzen oder Großgruppenverfahren (World-Café, Open Space). Die Methode eignet sich für Gruppengrößen ab etwa zwölf bis maximal einige hundert Teilnehmende.

Was wäre, wenn das Management die Methode nutzt, um regelmäßig mit unterschiedlichen Mitarbeitenden gemeinsam Entscheidungen zu fällen? Quasi im Lotterie-Verfahren werden Mitarbeitende hinzugeholt.

Aber was soll das bringen? – fragt sich nun sicher die Eine oder der Andere.

Erstens, über ein Lotterie-Verfahren gebe ich jedem die gleiche Chance, aber auch Verpflichtung, Entscheidungen zu diskutieren und mitzugestalten. Ein weiterer wichtiger Punkt ist, dass so die Belegschaft sehr heterogen hinzugezogen wird, unabhängig von der Ausbildung oder dem Wissensstand. Das ermöglicht eine ganz neue Sicht auf ein Themenfeld. Was würde Paul aus der Produktion über die Neugestaltung des HR-Bereich sagen? Oder wie würde Nina aus dem IT-Bereich Prozesse in der Produktion bewerten?

Hedy Lamarr, eine ab Ende der 1930er Jahre berühmte Schauspielerin, hatte im Zuge ihrer Interessen echte Pionierarbeit in sicherer Kommunikationstechnologie als »Hobby-Wissenschaftlerin« geleistet. Ohne Vorkenntnisse. Einfach nur wegen eines neuen Blickwinkels.

Einst sagte Hedy Lamarr (das Zitat ist auch der Dokumentation »Geniale Göttin« vorangestellt): **»Jedes Mädchen kann glamourös aussehen. Sie muss nur stillstehen und dumm gucken«.**

All zu oft reduzierte man sie auf ihre Schönheit. Aber reduzieren wir Menschen nicht auch gern auf einen Job? Oder wieso fragen wir bei einem Kennenlernen unter neuen Freunden meist als erstes: *Was arbeitest du?*

Übrigens, die Erfindung Hedy Lamarrs und ihres guten Freundes George Antheil ist bis heute die Grundlage für sämtliche Mobilfunk-Technologien von WiFi bis GPS (vgl. die o. g. Dokumentation). Sie hat den abhörsicheren Mobilfunk, drahtlose Netzwerkverbindungen und mobiles Internet erst möglich gemacht.

Also, wieso sollten Paul und Nina als Mitarbeitende ihres Unternehmens nicht mitentscheiden dürfen?

Eine Idee dazu ist die von mir weitergedachte Form der Fishbowl-Methode. Es geht darum, Entscheidungen kollaborativ, demokatisch und letztendlich zielführender zu fällen.

1.4.3.1   Tool: Delegation Bowl

Voraussetzung ist die Bereitschaft, andere Meinungen zuzulassen und dann auch umzusetzen. Es wäre sehr frustrierend, wenn Mitarbeitende in ein solches Forum eingeladen werden und deren Entscheidungen im Nachgang nicht berücksichtigt werden würden.

Ebenso ist es entscheidend sich bewusst zu machen, an welchen Entscheidungen Mitarbeitende teilhaben dürfen. Je nach Organisationsgröße und Bedeutsamkeit des Entscheidungsrahmens sollten hierfür die Parameter geklärt werden.[1]

Teilnehmer sind die »Entscheidungsriege« aus dem Management mit bis zu fünf Vertretern und 20–50 Teilnehmer aus der Mitarbeiterschaft, wovon wiederum fünf in den »Inner Circle« des Fishbowls gehen.

Das **Setting** des Delegation Bowl besteht aus zwei Stuhlkreisen. Ein kleiner Kreis mit bis zu fünf Personen bildet den Innenkreis. Der Außenkreis kann prinzipiell eine unbegrenzte Anzahl von Teilnehmenden umfassen, ich empfehle einen Personenkreis von bis zu 50 Mitarbeitenden.

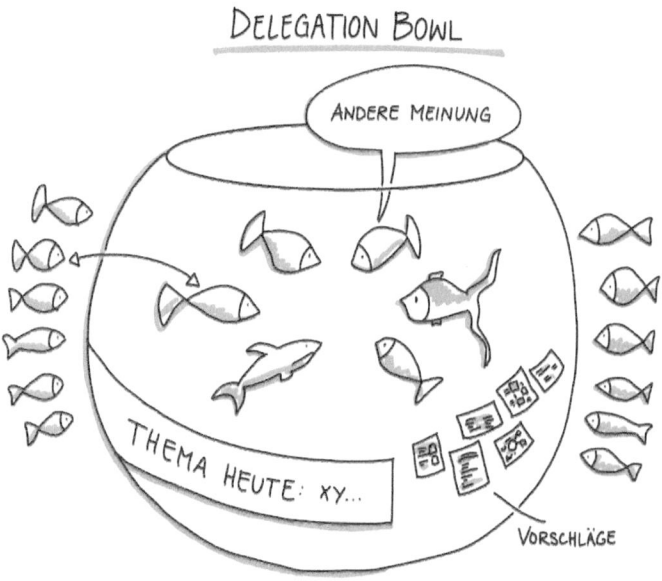

Abb. 5: Delegation Bowl. Der Innenkreis besteht hierbei aus je fünf Personen aus Management und Mitarbeitenden.

---

1   Eine dazu passende Methodik, die manche womöglich aus meinem Buch »Agil geht anders« (2019) kennen, ist das Delegation Board bzw. die Delegation Matrix. Entscheidet vorher, welche Themen in welchem Kreis beschlossen werden. Personalabbau ist bspw. kein Thema fürs Plenum, während Kosteneinsparung durchaus sinnvoll wäre. Vielleicht kämen weitaus bessere und neuartige Ideen, anstatt Personalabbau.

Der Innenkreis, das eigentliche »Goldfischglas«, wird vom Management besetzt, außerdem werden fünf Mitarbeitende hinzugeholt, um im Innenkreis mitzubestimmen und letztendlich auch zu entscheiden. Es gibt verschiedene Ansätze, diese zu bestimmen, bspw.

- Losverfahren,
- Abstimmen aus der Gruppe,
- beste Meinung zu dem Thema, die vorab gewählt wird, etc.

Die Art und Weise, wie diese Personen in den Innenkreis gewählt werden, sollte demokratisch sein und zur Unternehmenskultur passen, ebenso die Auswahl alle weiterer Teilnehmer. Aber bitte so einfach wie möglich halten!

Der Außenkreis, das Plenum, ist Zuhörer und kann regelmäßig hinterfragen. Optional kann auch ein »Meinungsführer« aus diesem Kreis mit einem Teilnehmer im Innenkreis tauschen.

Das nachhaltige Vorgehen ist wie folgt:

Einmal im Monat (also regelmäßig) wird zu einem Thema aufgerufen, das im Delegation Bowl besprochen werden soll. Mitarbeitende, die dazu eine Idee oder Meinung haben, können sich freiwillig anmelden. Es bietet sich an, eine Fragestellung zu formulieren, bspw. Wie sparen wir Kosten ein?

Jeder Teilnehmer bringt seinen ausgearbeiteten Vorschlag zum Diskussionstag mit. Auch das Management. Als **Start** gibt es eine Galerie mit allen Vorschlägen (bswp. alle Vorschläge an die Wand hängen, optional zur Vorbereitung mitgeben). Jede(r) hat 15 Minuten Zeit, sich die Inhalte anzuschauen. Jede(r) darf drei Stimmen (Punkteverfahren) an den besten Vorschlag verteilen (Splitting erlaubt).

Die besten 3–5 Vorschläge werden als Startpunkt der Diskussion betrachtet. Es besteht die Option, hieraus den Inner-Circle-Teilnehmerkreis zu gestalten.

Es wird **pro Thema maximal eine Stunde diskutiert** und dann abgestimmt. Es dürfen maximal drei Themen bearbeitet werden, um die Konzentration und Qualität hoch zu halten. Somit liegt die **Dauer bei 1,5–4 Stunden.** Reden dürfen nur die Personen im innersten Kreis. Personen im Außenkreis hören zu, beobachten und schreiben sich alle relevanten offen Fragen zur Diskussion auf. **Nach einer halben Stunde werden die Anmerkungen aus dem Plenum aufgenommen.** Binnen zehn Minuten müssen diese Personen ihre ergänzende Meinung äußern. Ebenso besteht in der Zeit die Chance, den Platz von Innen nach Außen zu wechseln. Wird ein Platz frei, kann jemand aus dem Plenum in den Inner Circle eintreten. Dann wird weitere 20 Minuten diskutiert.

Nach einer Stunde wird dann bestimmt, welcher Vorschlag umgesetzt wird. In weiteren 15 Minuten werden die Vorschläge mit einem Stimm-Wahlverfahren beschlossen. Eine Stimme für einen Vorschlag.

Der Vorschlag mit den meisten Stimmen wird umgesetzt.

Delegation-Bowl-Regeln (angelehnt an die des Fishbowl)

- Jeder Teilnehmer hat einen Vorschlag auf die Fragestellung vorbereitet.
- Nur die Teilnehmer des Innenkreises diskutieren.
- Die Teilnehmer des Außenkreises hören der Diskussion im Innenkreis zu.
- Teilnehmer im Innenkreis dürfen diesen jederzeit verlassen und in den Außenkreis wechseln. Der freigewordene Platz kann durch einen Teilnehmer des Außenkreises besetzt werden.

1.5   Frust statt Lust – und wie sich das drehen lässt

»Unsere Mitarbeiter sind eher in der ›Konsumentenhaltung‹« – diesen oder ähnlich gelagerte Sprüche höre ich regelmäßig im Zuge von Transformationsprojekten. Und sicher wird auch der eine oder die anderen Leser:in sich gedacht haben: Wie soll kollektives Entscheiden denn funktionieren? Als ob das mit dem Delegation Bowl funktioniert?!

Seltener hingegen wird gefragt, wie es denn zu einer ›Konsumentenhaltung‹ kommt. In der Regel steckt hinter passivem Verhalten Resignation oder der Mitarbeitende traut sich schlichtweg nicht mehr nach außen. Umso wichtiger ist es, wie im vorigen Kapitel beschrieben, Entscheidungen methodisch näher an die Belegschaft zu bringen. Erwachsene wieder mündig zu machen. Augenhöhe zu leben.

Ein weiterer spannender Aspekt, der manchmal bereits als vermeintliche Lösung dargestellt wird: Es braucht eine »Fehlerkultur« – wem das Wort wegen des Fokus auf »Negativem« (Fehler) nicht beliebt, nenne es Lernkultur. Dass dabei *Vertrauen* ein viel zentralerer Faktor ist, wird meistens ignoriert. Man macht lieber eine *Fuckup Night*. Soll ja ›fancy‹ sein. Grundsätzlich spricht zwar nichts gegen dieses Format, aber die fehlende Nachhaltigkeit ist problematisch. Denn in diesem Moment sind Fehler cool, denn hippe Menschen berichten von ihren Startschwierigkeiten oder wie sie gescheitert sind. Aber nicht selten wird der Mitarbeiter am kommenden Tag vom direkten Vorgesetzten bspw. wegen des verlorenen Pitch »angemault«, anstatt dass der mit ihm überlegt, wie es das nächste Mal besser gemacht werden könnte.

Aber was bedeutet denn überhaupt »Fehlerkultur« – und ist das die Lösung gegen allen Frust?

Gerhard Hüther hat in seinem Vortrag »Die Wiedererweckung von Intentionalität und Co-Kreativität« auf der New Work Experience (NWX2019) ein einprägsames Beispiel zu unserem Erleben und Verhalten geschildert: Als Kind haben wir eine große Entdeckungsfreude, sind neugierig, wir entfalten uns, werden Persönlichkeiten, hinterfragen vieles, wollen lernen. Im Verlauf werden wir allerdings zum Objekt gemacht. Uns wird erklärt, wie wir sind oder wie wir werden sollen, u. a. durch Noten, einseitige Mitarbeiter-Feedback-Gespräche oder weitere Einflüsse von Autoritätspersonen. Wir sammeln Erfahrungen. Im Verlauf des Lebens kommen ebenso »schmerzhafte« Erfahrungen dazu.

Was damals mit einem offenen, ungetrübten Blick betrachtet wurde – ganz nach dem Motto »Hinfallen, Aufstehen, Weitermachen« – kann nun geprägt sein von Hemmungen, Angst, sogar Verletzlichkeit.

Was tun mit solchen Emotionen auf der Arbeit?

Frustration stammt von lat. frustra = vergeblich bzw. frustratio, was so viel bedeutet wie »Täuschung einer Erwartung«. Je höher die Erwartung, desto größer die Enttäuschung, heißt es so schön.

Reflexion
- Wann war ich zuletzt frustriert auf der Arbeit und wieso?
- Wie bin ich damit umgegangen?
- Wie wird Wertschätzung in meiner Organisation gelebt?
- Und kann man von einem vertrauensvollen Umgang sprechen?
- Wie werden Mitarbeitende in Entscheidungen einbezogen?
- Wie werden Erwartungen kommuniziert? Beidseitig oder einseitig?

Und die alles entscheidenden Fragen:
- Wie wird Erwartung in meiner Organisation überhaupt definiert?
- Wer bestimmt die Erwartungen?

Um Frust am Arbeitsplatz zu betrachten, müssen wir verstehen, aber vor allem in der Arbeitswelt akzeptieren, dass Gefühle (auch unangenehme) nicht außen vor gelassen werden können. Wir sollten sie sogar mehr in den Mittelpunkt stellen. Denn zukünftig wird ein Großteil der aktuellen Arbeit durch Maschinen übernommen werden, und umso mehr wird es um Aufgaben und Rollen gehen, die eine hohe emotionale Intelligenz und damit einhergehend soziale Fähigkeiten benötigen.

Gerade in Organisationen, die agil arbeiten, zeigt sich immer deutlicher, wie wichtig es ist, Mitarbeitende in deren emotionaler Intelligenz auszubilden. Damit einher geht Selbstregulierung und diese implizit dann auch Frustrationstoleranz.

Frustration entsteht aus einem Gefühl von Abgelehntwerden, Ärger, Bitterkeit, Enttäuschung oder Kränkung, es drückt sich durch eine empfundene Benachteiligung aus.

Dabei ist wichtig zu verstehen, dass jeder Mensch im Kontext seiner Erfahrungen unterschiedliche Bedürfnisse hat und dementsprechend getriggert wird.

Jeder Mensch reagiert unterschiedlich auf Einflüsse von Außen. Gerade in Veränderungssituationen wird das sehr deutlich. Der eine Mitarbeiter fürchtet wegen vorheriger Erfahrungen mit

Vorgesetzen, dass er seine Meinung nicht mehr äußern kann. Die andere Mitarbeiterin sucht stetig die Chance, Veränderung mitzugestalten, da sie vorher in einem Start-up war, das sich permanent in der Findungsphase befand und leicht chaotisch lief. Beide haben in ihrem Handeln aus ihrer Perspektive recht und vorherige Erfahrungen geben einem subjektiv recht.

Arbeit ist ein Gestaltungsakt!

Also, wie kann ich jemanden aus seinem Trott holen? Wie schaffen wir einen Rahmen, in dem Zusammenarbeit wortwörtlich funktioniert – nämlich **zusammenarbeiten**? Und wie definieren wir New Work unter humanistischen Aspekten wirklich? Wie können alle Erwartungen weitestgehend erfüllt werden? Eine Lösung ist: **Psychologisches Empowerment.**

Das Konzept nach Spreitzer (1995) sieht vier Variablen für das Erleben von Empowerment der Mitarbeiter:innen als besonders wichtig an: **Bedeutsamkeit, Kompetenz, Selbstbestimmung und Einfluss.**

Bedeutsamkeit wird als der Wert der Aufgabe im Verhältnis zu den persönlichen Idealen und Werten des Individuums definiert. Wichtig dabei ist, dass ein Mitarbeitender die Aufgabe als bedeutsam erlebt. Mit **Kompetenz** ist die Einschätzung der eigenen Fähigkeiten gemeint, also erfülle ich meine Tätigkeit, sodass es alle Beteiligten zufrieden stimmt. Spannend ist, dass es primär darum geht, dass ein Individuum sich selbst vertraut, die Aufgaben gut auszuführen. Allerdings, wer hätte das gedacht, steht und fällt das Vertrauen mit dem Selbstbild, das wiederum geprägt von außen ist. **Selbstbestimmung** zielt auf das Gefühl der Autonomie und Kontrolle über den Arbeitsprozess. Den **Einfluss**, den ich ausübe, empfinde ich als Mitbestimmung, Mitgestaltung und daraus resultiert ein Gefühl von Macht oder Kontrolle.

Das Konzept von psychologischem Empowerment ist eine sehr wichtige Grundlage, um überhaupt New-Work-Maßnahmen auf strukturelle Ebene, wie bspw. autonomes Arbeiten oder agiles Projektmanagement, zu realisieren. Es bedarf Einfühlungsvermögen auf der Organisationsebene gegenüber den Mitarbeitenden und das Vorleben der vier Facetten des psychologischen Empowerments – ganz im Sinne der kulturellen Ebene, also echter Organisationsentwicklung bis hin zur Personalentwicklung –, dass man überhaupt in der Lage ist, New Work zu »leben«.

New Work und psychologisches Empowerment verfolgen im Kern vergleichbare Ziele, welche in direktem Zusammenhang mit zufriedenen Mitarbeiter:innen stehen. Unterschiedlich sind beide Modelle darin, wie der Prozess gestaltet wird. Während New Work im eigentlichen Sinne bottom-up bedeutet, also über die Mitarbeitenden gestaltet, ist das Modell des psychologischen Empowerments top-down zu verstehen. Umso wichtiger ist hierbei, zu erkennen, dass New Work nicht fertig diskutiert ist, sondern an Anfang steht. Wir müssen Modelle wie diese vergleichen und überlegen, wie Lösungen zukünftigen Arbeitens aussehen können. Denn es geht nur komplementär. Nicht *einer* hat die Lösung, sondern viele Fragen ermöglichen viele Antworten.

Also, wie macht Arbeit wieder Lust?

Es geht um emotionale Sicherheit und das Erarbeiten einer höheren emotionalen Intelligenz. Mitarbeitende brauchen Formate, die sie dabei unterstützen, an ihrer emotionalen Intelligenz zu arbeiten, bspw. am Umgang mit Frust, und dies zu reflektieren. Zugleich sollte ihre Bereitschaft gefördert werden, Veränderungen zu gestalten. Denn nur so kann psychologisches Empowerment seine eigentliche Wirkung entfachen.

Abb. 6: Frust statt Lust

1.6 Die eigentliche Verantwortung: Vertrauen schaffen

Laut Hüther erleben wir aktuell den größten Transformationsprozess aller Zeiten. Allerdings, so sagt er, bedarf Entfaltung der Entwicklung! Diese wiederum bedarf des Vertrauens. Und um diese eigentliche Verantwortung soll es nun gehen.

Viele Unternehmensleitbilder werden von dem Begriff Verantwortung geschmückt. Dabei wird dies selten wirklich gelebt. Wie bereits im vorigen Kapitel beschrieben, wird aber Frust meist aufgebaut, weil Erwartungen nicht erfüllt sind.

Ein großer Fehler ist, dass den Mitarbeitenden nicht genug Vertrauen geschenkt wird. Schermuly beschreibt in seinem Buch »New Work – gute Arbeit gestalten« (2019) Komplexität und Mikromanagement als grundsätzliches Problem. Viele Manager:innen neigen noch immer dazu, Kontrolle und Mikromanagement in den Fokus ihrer Führungsaufgabe zu stellen. Dabei wird gerne vergessen, dass die Schnelllebigkeit unserer Zeit kaum zu kontrollieren ist. Also geht es nicht nur um den humanistischen Aspekt und die Wichtigkeit, (endlich) ein Menschenbild zu entwickeln, das auf Augenhöhe basiert und weniger auf Herabstufung wegen vermeintlicher hierarchischer Rollen. Es geht vor allem auch darum, sich als Manager:in bewusst zu machen, eben nicht der/die alleinige »Bestimmer:in« sein zu können. **Es geht also um Vertrauen!**

Vertrauen

Vlaar et al. (2007) und ebenso Schermuly (2019) beschreiben Vertrauen als einen Zustand der Verletzlichkeit: »Ein Mensch macht sich gegenüber einem anderen verwundbar und erträgt es, weil er positive Erwartungen hinsichtlich der Intention des Vertrauens besitzt« (Schermuly 2019).

Verletzlichkeit ist unser Stichwort! Wie oft haben wir das Gefühl, eine Fassade mit zur Arbeit zu nehmen, nur einen Teil unserer Persönlichkeit zeigen zu dürfen?! Dabei ist es genau sie – unsere Persönlichkeit – die Organisationen und Teams zu viel mehr Effizienz führt: unterschiedliche Persönlichkeiten mit je eigenen Ideen, Stärken und Ansichten.

Mal wieder ist Google Vorreiter in der Geschäftswelt. Diesmal darin, ein womöglich »unangenehmes Thema« anzufassen. Ob Agiles Arbeiten, OKR oder nun auch psychologische Sicherheit: Google versucht stetig herauszufinden, wie Teams besser zusammenarbeiten. In einer groß angelegten Studie fand Google heraus, wie bedeutend es ist, dass sich Teammitglieder wohlfühlen. Es geht dabei nicht um einen Kuschelkurs, sondern um den Aspekt, eine vertrauensvolle Atmosphäre zu schaffen. Das meint psychologische Sicherheit.

Dabei ist das eigentlich ein alter Hut! Nicht mal Amy Edmondson kann man als alleinige Erfinderin des Konzepts titulieren (Edmondson 1999 u. 2018/2020). Unser guter alter Edgar Schein hat damals (1965) den Grundstein für das Konzept der psychologischen Sicherheit gelegt. Und das ist sogar sehr entscheidend. Denn sein Ansatz war in drei Phasen geteilt und hat sich an Lewin angelehnt. Es war ihm wichtig zu verdeutlichen, wie relevant psychologische Sicherheit in Veränderungsprozessen ist.

Und da haben wir es schon! Amy Edmondson beschreibt ganz grundsätzlich, wie wichtig der »Wohlfühlfaktor« in Teams ist, während Schein es nur teilweise ausformuliert, dafür aber mit Veränderungsprozessen in einen Kontext setzt. Ich möchte daher mit dir als Leser:in einen Schritt weitergehen. Erstens wir haben inzwischen erkannt, spätestens nach dem Kapitel *Change ist out*, dass wir uns inzwischen täglich verändern dürfen und Transformation ein

Dauerzustand ist. Zweitens, dass psychologische Sicherheit nicht nur auf Teamebene betrachtet werden sollte, sondern die gesamte Organisation dafür schlaue Antworten braucht!

Psychologische Sicherheit als Basis

Die eigentliche Verantwortung von Organisationen, den Manager:innen, aber auch aller einzelnen Mitarbeitenden ist, eine Atmosphäre der psychologischen Sicherheit zu schaffen. Denn nur so wird eine Arbeitsumgebung zur Lernumgebung – was die Basis für organisationale Weiterentwicklung darstellt.

Aber was ist überhaupt psychologische Sicherheit?

Psychologische Sicherheit meint vor allem eine Kultur und eine Haltung, die Vertrauen schaffen. Es geht darum, dass niemand in Verlegenheit kommt; Ideen oder Gedanken werden nicht abgelehnt und keiner wird für das, was er sagt, in irgendeiner Form abgewiesen. **Das Klima ist von zwischenmenschlichem Vertrauen und gegenseitigem Respekt geprägt und die Mitarbeitenden fühlen sich wohl.** Diese Atmosphäre ermöglicht durch den offenen Umgang, auch Fehler anzusprechen und daraus zu lernen. Mitarbeitende stehen nicht im Wettbewerb oder müssen eine Fassade wahren, in der Gefühle oder Verletzlichkeit nicht erlaubt sind. Ganz im Gegenteil.

Amy Edmondson (2018, dt. 2020) beschrieb psychologische Sicherheit am Arbeitsplatz als »das Wissen, dass man nicht bestraft oder gedemütigt wird, wenn man sich mit Fragen, Kommentaren, Bedenken oder Fehlern zu Wort meldet«.

Wie macht sich psychologische Sicherheit bemerkbar?
*   Jeder kann sich verletzlich zeigen.
*   Fehler tragen zum Lernen bei.
*   Ich kann Fehler zugeben.
*   Ich bekomme und gebe offenes und ehrliches Feedback.
*   Mein Menschenbild ist u. a. geprägt von Respekt und Verständnis für Andersartigkeit.
*   Ebenso bin ich mir meiner selbst bewusst.

Bevor sich allerdings psychologische Sicherheit bemerkbar machen kann, ist es wichtig diese zu entwickeln. Es geht darum, wie in der Abbildung gezeigt, eine Lernzone zu schaffen: organisationales Lernen als Basis für die Entwicklung der Organisation. Hierzu werden wir uns auch »im großen Stil« die *Transformation*-Werkstatt als ein mögliches Instrument anschauen. Dazu später mehr. Vorerst möchte ich dir zum Schluss Ideen mitgeben, im Kleinen eine Basis für eine vertrauensvolle Atmosphäre zu schaffen und die eigentliche Verantwortung zu tragen: die der psychologischen Sicherheit. Die Basis für jegliche New-Work-Bestrebung. Und auch hier erkennen wir wieder, es geht weniger um »new« als vielmehr um den Menschen im Mittelpunkt.

Abb. 7: Verantwortung

Tipps für mehr psychologische Sicherheit

Persönlichkeit: Emotionale Stabilität und Lernorientierung der Teammitglieder unterstützen das Entstehen und das Empfinden von psychologischer Sicherheit. Fördert den »EQ«, die emotionale Intelligenz untereinander!

(Führungs)verhalten: Amy Edmondson betrachtet hierbei drei Faktoren als wesentlich: Erstens als Vorbild agieren und eigene Fehler und Unsicherheiten ansprechen. Zweitens neugierig bleiben und Fragen stellen, offen für Neues und die Menschen in meinem Umfeld. Und drittens Arbeit als einen Lernprozess formulieren und damit experimentieren, hinterfragen und Lernen anregen.

Rollenklarheit: Ein klares Verständnis der gegenseitigen Erwartungen und Autonomie insbesondere im Hinblick darauf, Entscheidungen treffen zu können, fördern ein psychologisch sicheres Arbeitsumfeld.

Teamarbeit: Das Ermöglichen von Arbeiten in Teams wird als wichtiger Faktor gesehen das Sicherheitsgefühl aufzubauen. Im laufenden Kontakt mit den anderen Mitgliedern entsteht Sicherheit. Nicht den Wettbewerb fördern, sondern das Verstehen von Unterschiedlichkeit und der daraus resultierenden Stärke!

2 New Work Stories – Sichtweisen, Erkenntnisse und Tipps

Wir mögen die Welt durchreisen, um das Schöne zu finden,
aber wir müssen es in uns tragen, sonst finden wir es nicht.
Ralph Waldo Emerson

Was einst noch galt, vergilbt durch Kulturprobleme. Zu Anfang der New-Work-Debatte und der damit einhergehenden Agilität waren Tischkicker, Bagels for free und tolle Sitzgelegenheiten die Lösung! Immerhin sah alles schick aus und glich Silicon Valley. Viele Manager:innen gingen mit Anzug hin und kamen mit Drei-Tage-Bart und Sneakern zurück. Deutschland als Industrieland wurde nun hipp.

Aber auch hier wurde eines nicht bedacht: Es sind nicht die Räume oder Methoden. Alles steht und fällt mit den Menschen dahinter. Es geht um die Persönlichkeiten in einer Organisation.

Also lass uns unterschiedliche Persönlichkeiten in Deutschland besuchen und echte New-Work-Stories finden! Ganz unterschiedliche. Es werden Thesen gebildet, Geschichten erzählt, Wünsche aufgemalt, Ansätze neuer Arbeitsformen gezeigt. Weder hippe Berater:innen noch Expert:innen schreiben hier ihre Stories. Es sind genauso Interessierte wie du und ich. Menschen, die die Arbeitswelt verbessern wollen und es in ihrer Rolle täglich versuchen.

Lass dich inspirieren, ermutigen und fühl dich permanent angesprochen, einen nicht fertig definierten Gedanken selbst zu Ende zu denken.

2.1 Meine Abenteuer mit Frithjof Bergmann und die Frage, was man wirklich, wirklich will

Ömer Atiker

Es war damals, im Jahre 2004, als ich noch jünger war und mich (mal wieder) fragte, was ich eigentlich im Leben will. Ich war nach dem Studium eher zufällig in die Niederlande geraten und hatte dort, nach zwei Jahren in der IT, 1996 eine der ersten Internet-Agenturen des Landes gegründet. Acht Jahre und über 100 Websites später war es langsam Zeit für etwas Neues. Aber was?

In dieser Zeit der vorgezogenen Midlife-Crisis (ich war erst Mitte 30) stolperte ich eher zufällig über die Arbeit von Frithjof Bergmann und sein gerade erschienenes Buch »Neue Arbeit, Neue Kultur« (2004). Es wurde für mich eine der prägenden Erfahrungen in meinem Leben.

Damals wollte ich nach über zehn Jahren im Ausland wieder zurück nach Deutschland – und eine der Städte in der engeren Wahl war Freiburg im Breisgau. Da lag es nahe, doch auch mal beim Verein »Neue Arbeit, Neue Kultur e. V.« vorbeizuschauen, der durch den Verlag des Buches gegründet worden war und die Reisen und Aktivitäten von Frithjof in Europa koordinierte. Eine kleine Handvoll netter Menschen, die sich um Anfragen kümmerten und die Organisation übernahmen.

Und so lernte ich, eher unerwartet, auch den Meister selbst kennen: einen recht zerzausten älteren Mann mit wildem Blick. Ein Teil wirrer Professor, ein Teil Robinson Crusoe und eine große menschliche Wärme.

Ich glaube, das war einer der wichtigsten Aspekte: sein Wohlwollen gegenüber den Menschen. Denn seine Arbeit dreht sich um die Frage nach einem erfüllten Leben. **Was ist es, was uns glücklich macht, was wollen wir im Leben erreichen?**

Nicht das, was wir wollen »sollten«, weil andere uns das vorleben oder einflüstern. Den sicheren Job, die feste Beziehung, ein Reihenhaus. **Sondern was man wirklich, wirklich will. Diese Dopplung ist für mich einer der Kernpunkte seiner Arbeit.**

Denn erst, wenn wir wissen, was wir eigentlich wollen, können wir es auch kriegen. Und nur dann können wir auch glücklich sein. Wir müssen unsere Träume nicht alle verwirklichen, nicht alle Wünsche können wir erfüllen – aber schon die Arbeit daran, das Wissen, an etwas Wertvollem zu arbeiten, sodass das Leben einen Sinn hat – das ist enorm kostbar.

Der Sinn des Lebens und die Hütte im Wald

Das war (und ist), was mich an ihm und seiner Arbeit so anzog. Keine Karrieretipps, keine Lifehacks, sondern die Frage nach dem Sinn. Das, was zur heutigen Zeit als das »Why« (Simon Sinek) und als »Purpose« mal wieder durchs Dorf getrieben wird. Doch das sind nur bleiche Kopien, denn das echte Leben ist bunt und wild.

Die Frage nach dem Sinn des Lebens hat mich selbst schon immer begleitet. Zum Abitur bekam ich das Buch »Walden« geschenkt, ein Buch von Henry David Thoreau, der um 1850 in eine kleine Hütte am See zog, um herauszufinden, worum es im Leben wirklich geht. Später als Student hatte ich einen Zettel neben meinem Schreibtisch hängen, eine kleine Erinnerung: **»Du kriegst alles, was du wirklich willst. Aber was willst du?«** In diese Phase meines Lebens, auf der Suche nach dem nächsten Schritt, passte die Idee der Neuen Arbeit perfekt.

Was ich sehr spannend fand: Frithjof hatte das Buch nicht nur *auch* gelesen (im Amerikanischen ist es ein Klassiker), er hatte es auch *selbst ausprobiert!* Zwei Winter lang in Massachusetts. Nach seiner Erfahrung war es auch gar nicht so schwer, von der eigenen Hände Arbeit zu leben und sich selbst mit Lebensmitteln zu versorgen. Doch war es die Kälte, die ihm zu schaffen machte. Genauer: die bitterkalten Winter, die in zwangen, jeden Tag stundenlang Holz zu sägen, um nicht zu erfrieren.

Das musste doch besser gehen! Und warum sollte man die Segnungen der Zivilisation igno-rieren? Das war der Schritt zur »High-Tech-Selbstversorgung«. Die Möglichkeiten des begin-nenden 21. Jahrhunderts zu nutzen, um autonom zu sein. Um selbst herzustellen, was einem wichtig ist, ohne sich im Hamsterrad abzustrampeln. **Sie kennen den Spruch: Hart arbeiten in einem Job, den man nicht mag, um Geld zu verdienen, mit dem man Dinge kauft, die man nicht braucht, um Leute zu beeindrucken, die man nicht mag. Wozu?**

Die Dreiteilung der Zeit
Frithjofs Idee war es, die wöchentliche Arbeitszeit in drei gleiche Teile zu teilen.

Einen Teil für die Selbstversorgung. Ob Gartenbau oder Handwerk – aber dann bitte High-Tech. Hydroponischer Anbau, 3D-Druck und CNC-Bearbeitung zur Herstellung benötigter Gegen-stände. Damit deckt man die wichtigsten Bedürfnisse und hat auch eine ganz andere Bezie-hung zu den Produkten im eigenen Leben.

Ein Teil Lohnarbeit, um Geld als Tauschmittel zu haben. Natürlich gerne ein passender, erfül-lender Job. Aber da er nur einen kleinen Teil der eigenen Zeit in Anspruch nimmt, bekommt er keine so große Bedeutung im Leben und kann leichter gewechselt werden.

Und das letzte Drittel ist Zeit für das, was man wirklich, wirklich will. Da man das nicht durch reines Lesen und Nachdenken herausfinden kann, muss man eben sehr viel ausprobieren. Wie gut, wenn man dafür ausreichend Zeit und Gelegenheit hat!

Für Frithjof ist die Freiheit, das eigene Leben zu gestalten, ein zentraler Punkt. Denn er glaubt fest daran, dass der Mensch etwas erschaffen will. Ob groß oder klein, es ist ein wich-tiger Baustein zum Glück, selbst etwas in die Welt zu bringen, es zu gestalten und zu nutzen.

Doch ist das realistisch? Macht das auch wirklich jemand außer ein paar eigensinnigen Außen-seitern?

Mit Frithjof unterwegs
Ich hatte die Ehre und das Vergnügen, 2004 und 2005 mit Frithjof zusammenzuarbeiten und ihn auf einigen seiner Reisen zu begleiten. (Nebenbei war ich auch einige Jahre Vorstand in seinem Verein.)

Am meisten beeindruckt hat mich dabei, wie stark die Menschen auf ihn und seine Ideen re-agieren. Es war, als gäbe es eine große Leere in den Menschen, die sie gerne füllen möchten. Doch sie trauen sich nicht, selbst etwas zu unternehmen. Die am häufigsten gestellte Frage war immer: »Darf ich eigentlich ...?« Darf ich einfach tun, was ich möchte? Darf ich das überhaupt wollen?

Ich glaube, Frithjof war über die Frage ähnlich erstaunt wie ich – aber er hatte sie oft genug gehört, um sie gewohnt zu sein. **Warum fragt ein freier Mensch, ob er etwas tun darf, das ihm wichtig ist und das keinem anderen schadet?** Woher kommt das große Bedürfnis nach Erlaubnis? Woher kommt all die Angst? Er begegnet der Frage immer mit Wohlwollen und Ermutigung. »Natürlich darfst du! Du musst sogar, denn das ist wichtig!«

Er lächelte auch immer, wenn es vielen Menschen wichtig war, ihn mit einer Verbeugung zu begrüßen und mit »Herr Professor Bergmann« anzusprechen. Er selbst ist dabei völlig unprätentiös. Er bevorzugt das Du, möchte mit Frithjof angesprochen werden und führe am liebsten in der 3. Klasse der Bahn, um unter Menschen zu sein.

Als Heilsbringer wollte er sicher nie gesehen werden, nur als Ermutiger. Und doch war er für viele Menschen genau das: endlich ein weiser und gütiger Mensch, der ihnen sagt, dass es völlig in Ordnung ist, sich ein anderes Leben zu wünschen. Dass ihre Wünsche gut und richtig sind und sie als Mensch es auch sind. Dass es auch gut und richtig ist, dafür etwas zu tun. **Mit diesem Versprechen arbeiten auch viele Motivationstrainer und Coaches, doch bei Frithjof stand ein Menschenbild zentral, das mit Kommerz nur wenig zu tun hatte.**

Offen für Neues
Sehr angenehm empfand ich seine Offenheit, ja Begeisterung für Neues.

Wenn es um innere Werte und Achtsamkeit gegenüber den eigenen Bedürfnissen geht, sehen die meisten Menschen die Technologie als Feind. Als das Böse, das den Menschen von seinen Wurzeln entfernt, das verantwortlich ist für Angst, Stress und Entmenschlichung. Deswegen darf man bei der Suche nach dem Sinn des Lebens auch nur Kräutertee trinken. Sie wissen schon, Holzbausteine statt Handy, Jute statt Plastik.

Nicht so bei Frithjof. Er war sehr für High-Tech, wenn sie uns die Freiheit wiedergibt. Schon eine Kettensäge ist Fortschritt, wenn sie ihm Stunden der Plackerei erspart – also her damit! Je mehr dumme Arbeiten von Maschinen erledigt werden, umso besser! Digitale Technologien ermöglichen es uns, unsere Umwelt selbst zu gestalten. Die Objekte des täglichen Bedarfs selbst herzustellen bedeutet, frei von Moden und Lieferketten zu sein. Besonders der 3D-Druck, der damals noch in den Kinderschuhen steckte, hat ihn sehr fasziniert: Warum arbeiten gehen und das Geld für eine Tasse aus dem Laden ausgeben, wenn man selbst eine Tasse nach eigenen Wünschen gestalten und herstellen kann? Auch das ist Freiheit – die Gestaltungfreiheit! **Technologie als Mittel zur Freiheit war für ihn selbstverständlich.**

Neue Arbeit = New Work?
So, und was ist jetzt mit New Work? Ich fürchte, so wirklich viel hat sein Ansatz mit dem heutigen »New Work« nicht zu tun. Dabei ist doch alles so bunt und modern geworden! Selbst der Mutterkonzern des Business-Netzwerks Xing hat sich in New Work SE umbenannt. Für ein besseres Arbeiten.

Doch wo immer ich von New Work lese oder höre, dann geht es um die klassische Arbeit in Festanstellung. Ja, man wünscht sich ein Arbeiten mit weniger Hierarchien und mehr Agilität. Bunte Zettel mit schönen Ideen an den Wänden der Büros. Wildes freies Denken, mehr Menschlichkeit, mehr Sinn im Leben! Allerdings hat sich mir nie erschlossen, was das alles mit Neuer Arbeit zu tun hat.

Die Zettel kleben doch noch immer in den Büros der Unternehmen, von einem selbstbestimmten Leben ist da aber nicht die Rede. Höchstens, wie man – vielleicht – das heutige Arbeiten ein wenig flexibler und menschlicher machen könnte.

Das ist schön und ehrenhaft, hat aber mit Neuer Arbeit nur wenig zu tun. Denn es herrscht noch immer dieselbe Abhängigkeit, dieselbe Machtlosigkeit. **Man tut, was man gesagt bekommt, man macht, was die Firma will und braucht. Gestaltungsfreiheit? Dezentes Hüsteln. Doch bitte nicht bei uns!**

Einkommensströme neben der Lohnarbeit? Selbstversorgung, um weniger abhängig zu sein? Gestaltung statt Konsum? Fehlanzeige. Insofern sehe ich in New Work nur sehr wenig Neue Arbeit.

Und doch bleibt etwas
Die ursprüngliche Idee ist von einer Umsetzung weit entfernt. Das war auch der Grund, warum ich 2006 beschloss, wieder eigene Wege zu gehen. Weil es zwar enorm viel guten Willen gab, aber außer Hoffnung fast nichts konkret umgesetzt war und wurde. Nichts, das man ansehen und greifen kann. Keine Menschen, denen es glückte, so zu leben. Das war für mich ausgesprochen enttäuschend.

Doch die Hoffnung bleibt. Und mit ihr das Wissen, dass ein anderes Leben und Arbeiten möglich ist. Mir hat es noch Jahre später geholfen, als ich mit Mitte 40 begann, mein Leben (mal wieder) drastisch umzukrempeln. Statt eines Jobs habe ich gefühlt jetzt fünf Berufe (Unternehmer, Redner, Autor, Berater, Coach), ich folge weit öfter meiner Neugier und entdecke neue Wege, wie ich anderen Menschen Wert anbieten kann. Die Qualität meines Lebens hat sich dadurch enorm verbessert.

Dieses Wissen, dass es auch anders geht, ist enorm wichtig. Denn zu oft ist unser Alltag die Normalität – die Norm, bei der Abweichungen immer gleich Fehler sind. **Zu wissen: Ja, das geht auch anders! macht es überhaupt erst möglich, auch einmal in neue Richtungen zu denken.**

Und dass wir alle viel Hilfe, Ermutigung und Erlaubnis brauchen, um etwas zu ändern? Wenn wir uns dessen bewusst sind, dann können wir es nutzen. Dann werden wir nicht Opfer von Bauernfängern, die uns mit ihrem »Tschakka« und »Du kannst es, wenn du nur willst!« am Ende nur das Geld aus der Tasche ziehen wollen. Dann können wir uns gegenseitig helfen, uns ermutigen, uns selbst Erlaubnis und Bestätigung geben. Ja, es ist gut, es auch mal anders zu machen! **Deine Wünsche sind wahr und wichtig und es ist gut, wenn du sie umsetzt.**

Dieses Wissen ist ein Baustein, mit dem wir eine bessere Arbeitswelt bauen können. Und weil die Arbeit ein so großer Teil unseres Lebens ist, bauen wir so auch ein besseres Leben. **Dieser Gedanke ist für mich Frithjofs Geschenk an uns alle. Und dafür bin ich ihm sehr dankbar.**

Abb. 8: Frithjof Bergmann – um was es geht

2.2   Den Sinn bestimmst du

Es beeindruckt mich immer wieder, wie nachhaltig die eigentliche Idee vom New Work der 1970er Jahre heute an Brisanz gewinnt und zugleich, wie hipp wir New Work leben wollen, wo es doch einfach darum geht, auf sein Herz zu hören! Aber viel bedeutsamer ist für mich die Geschichte, die Ömer mit uns teilt. Seine eigene Reise, die den Sinn als Weg hatte und den Weg mit genau dem Menschen kreuzt, der dies hinterfragt. Also was man wirklich will als Basis für New Work.

Viele Diskussionen rund um Purpose nehmen die Organisationen, also die hiesigen Unternehmen in die Pflicht, Sinn zu stiften. Natürlich sollte jede Unternehmung wissen, wieso sie am

Markt agiert und wie sie agiert. Also mit welcher Vision man echten Nutzen schaffen möchte. Es wäre aber zu einfach gedacht, wenn wir bei all der Selbstverantwortung, die wir im Zuge unserer Selbstverwirklichung auch leben sollten, die Frage nach dem Sinn unserem Arbeitgeber in die Hand geben!

Nur ich selbst kann bestimmen, was ich vom (Arbeits-)Leben will! Und danach sollte ich meine Berufung ausleben.

Dabei möchte ich dich unterstützen, indem diese Sinniervorlage dir hilft, zu überlegen, was dir wirklich wirklich wichtig ist. Habe keine Scheu, dir weitere Fragen zu stellen.

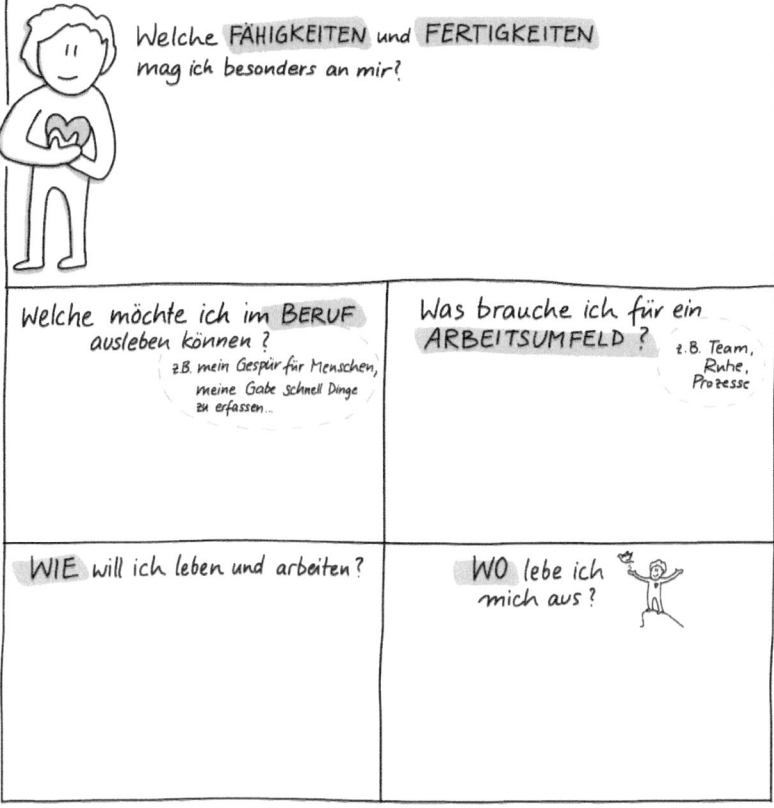

Abb. 9: Den Sinn bestimmst du

2.3   Erst New School, dann New Work

Über eine (digitale) Begegnung mit Stefan Ruppaner, Rektor der Alemannenschule Wutöschingen

Paulo Coelho schrieb einmal; »Ein Meister ist nicht derjenige, der etwas lehrt, sondern derjenige, der den Schüler dazu inspiriert, das Beste von sich zu geben, um herauszufinden, was er schon weiß.«

So kann man sich das Vorgehen der Alemannenschule von Wutöschingen (Link s. Literatur) vorstellen. Es gibt weder Klassenzimmer noch Lehrer:innen oder einen vorgegebenen Lehrplan. Dafür Hausschuhe, Räumlichkeiten, in denen teilweise geflüstert wird, und Lernbegleiter:innen.

Für den Einen ist das unkonventionell, für Andere die Zukunft von Bildung.

Was wir seit Jahren mit großen Transformationsprojekten versuchen, machen uns diese jungen Menschen vor – Selbstorganisation. Aber bevor wir uns dem Konzept widmen, möchte ich eines hervorheben:

Es geht um Haltung und Vertrauen – immer, wenn ich Menschen begegne und mit ihnen umgehe. Und das wird im Gespräch mit dem Rektor der Schule deutlich. Herr Ruppaner setzt mit seinem »Schmetterlingskonzept« auf **Lernen durch Erleben und Selbstorganisation.**

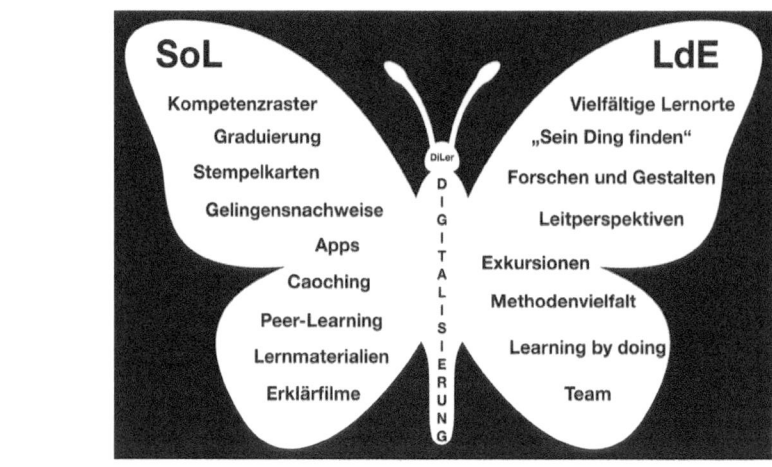

Abb. 10: Schulsystem der AWS

Der Aufbruch Richtung Gemeinschaftsschule war der Start für das wohl innovativste Schulkonzept in Deutschland.

Eigentlich wusste Herr Ruppaner erstmal gar nicht, was Gemeinschaftsschule bedeutet und wie er das umsetzen soll. Schnell lernte er, dass in erster Linie die Haltung ein wesentlicher Bestandteil ist, ob ein Konzept funktioniert. Nicht die Medien und schicken I-pads machen den Unterricht. Ähnlich, wie es auch in unserer New-Work-Diskussion nicht die *Methoden* sind, die das Umfeld und die Kultur verändern.

Eine der ersten Fragen, die er mir stellt, wie ich mich denn selbst (damals) in der Schule gefühlt bzw. wie ich das Klassenzimmer wahrgenommen habe. Klar, mir hat Schule Spaß gemacht, dachte ich erst. Aber je länger ich die Frage über den Verlauf des Tages wirken ließ, desto mehr wurde mir wieder bewusst, was für einen Stress Schule in mir ausgelöst hatte.

Es ging schon in der Grundschule los – Gymnasium oder Realschule? Wie schlau bin ich? Oder Mathe. Lange dachte ich, dass mir dieses Fach nicht liegen würde. So ein Unsinn. Ursache war das Gefühl, das ich mit dem Unterricht verband.

Die Alemannenschule beugt dem vor. Ohne Klassenzimmer kein Wettbewerb. Der Druck, wer nun drankommt, sich meldet oder einfach ungefragt aufgerufen wird, fällt weg, ebenso das Stillsitzen und Zuhören. Auch der Vergleich unter den Schülern, denn in verschiedenen Formaten lernen die Kinder ganz individuell. Aber wenn, dann nur in der Schule, denn Hausaufgaben gibt es hier auch nicht.

Schüler:innen sind hier Lernpartner:innen.

Das pädagogische Konzept basiert auf den Säulen der **Individualisierung von Lernweg, Lernplatz und Lernbegleitung** und auf **modernen Lernorten**.

Die Räume? Es gibt sogenannte **Input-Räume**, in denen vor allem fachbezogene Inputs vonseiten des Lernbegleitenden ermöglicht werden. Der **Marktplatz** ist die Beschreibung für kooperatives Lernen. Ein wenig wie in einem modernen Büroraum haben die Schüler:innen einzelne »Lerninseln«. In den **Lernateliers** haben die »Schüler:innen« und »Lehrer:innen« ihre eigenen Arbeitsplätze. Hier herrscht Flüsterkultur für konzentriertes, eigenständiges Arbeiten. Das individualisierte Lernen ohne feste Klassen und mit völlig veränderter Raumstruktur wird durch die Open-Source-Lernplattform »DiLer« organisiert.

Und nun zu den Schülern (Lernpartner:innen). Diese müssen selbstverantwortlich ihre Schullaufbahn gehen. Das macht auch Sinn. Das Menschenbild dahinter geht davon aus, dass jeder Mensch aus sich hieraus motiviert ist. Aber dafür muss man herausfinden, für was man brennt.

Die Verantwortung und das Vertrauen werden dem Schüler geschenkt. Zeit, Raum und Coaching ermöglichen, den eigenen Weg zu finden. Und was passiert mit Kids, die nicht zu motivieren sind, denkt die eine oder der andere sicherlich? – Wäre dieser Schüler denn woanders motivierter? Und auch hier verhält es sich ähnlich im Berufsleben: Die Motivation kann zwar jeder Mensch nur für sich selbst finden, aber das Umfeld trägt maßgeblich dazu bei.

Ein weiterer großer Hebel ist sicherlich der Stundenplan – der nicht existiert. Musik, Mathe oder Naturwissenschaften finden dann statt, wenn die Schülerin darauf Lust hat. Wenn sie aus eigenem Interesse ein Thema weiter vertiefen möchte. Amüsant dabei ist: Eltern oder neue Lehrer haben größere Problem damit als das Kind selbst. Es sind die Erwachsenen, die sich darin einfinden müssen, ihren Gegenüber nicht kontrollieren zu wollen, sondern zu verstehen, dass es um Vertrauen geht.

Kontrolle ist auch in unserer Arbeitswelt immer noch sehr präsent: Durch Arbeitszeit, ein Kontingent an Urlaubstagen, den Online-Modus im Homeoffice oder die Büro-Pflicht trotz Corona wird versucht, mit Vorgaben den Menschen zu kontrollieren (vgl. z. B. Raidl/Tyborski 2020). Da ist es nicht verwunderlich, dass eine so hohe Unzufriedenheit herrscht.

Das Interview mit dem Rektor hatte für mich etwas davon, mal wieder den Film »Hook« zu schauen und mit Peter Pan ins Nimmerland zu reisen. Der Glaube kann Berge versetzen. Ich glaube, Vertrauen auch. Wenn wir lernen, Menschen ganzheitlich zu sehen, sie von Kindergarten und Schule an in ihren Stärken zu fördern und sie ihren Sinn selbst bestimmen lassen, ohne große Purpose-Diskussion, so wird jeder gerne seinen Beitrag für eine besser (Arbeits-) Welt leisten.

2.4   Nimm dich selbst mit zur Arbeit

Meike Leue

Ich möchte dir jemanden vorstellen:
Martin ist Mitte 30 und lebt in einer stylischen Loft-Wohnung in der Nähe von Frankfurt. Er ist ein sehr sportlicher Typ und geht regelmäßig ins Fitness-Studio. Am Wochenende wandert er mit seinen Freunden im Taunus. Gerne kehren sie danach in einer Apfelwein-Kneipe ein. Seit vier Jahren ist Martin Single und er glaubt, sich mit der Situation arrangiert zu haben. Doch dann trifft er Steffi. Es ist ein verregneter Herbstsonntag und seine Freunde haben keine Lust, mit ihm durch den Wald zu laufen. Er geht allein. Mit der richtigen Kleidung macht ihm auch ein wenig Regen nichts aus. Plötzlich reißt der Himmel auf, als habe jemand die Wolken aufgeschnitten. Der Regen ist so heftig, dass Martin kaum noch den Weg erkennt. In rettender Nähe entdeckt er eine kleine Schutzhütte, in der er Unterschlupf sucht. Da trifft er sie: Völlig durchnässt sitzt diese wunderschöne Frau auf der Bank. Sie lächelt ihn an, rutscht zur Seite und sagt: »Herzlich Willkommen. Noch so ein Verrückter, der bei dem Wetter unterwegs ist. Möchtest du einen Schluck heißen Tee?« Er hat sich sofort verliebt und die beiden sitzen zusammen und erzählen so lange, bis es fast dunkel ist. Längst hat es aufgehört zu regnen. Sie tauschen Nummern. Beide wollen sich wiedersehen. Für Martin ist klar: Er möchte alles über diese Frau

wissen: was ihr wichtig ist, was sie gar nicht mag, was sie sich von der Zukunft wünscht, welches Essen sie liebt, was sie aus der Fassung bringt und warum sie überhaupt so ein unendlich schönes Lächeln hat. Steffi. Das ist der Beginn einer wundervollen Liebesbeziehung …

Ortswechsel: Martin on the job

Martin ist Mitte 30 und lebt in einer stylischen Loft-Wohnung in der Nähe von Frankfurt. Er hat BWL studiert und danach in einer Beratungsfirma angefangen. Dort lernte er schnell, anderen zu sagen, wie die Dinge zu laufen haben. Jetzt ist Martin Teamleiter bei einer Bank. Mit seinen fünf Mitarbeiter:innen ist er für das Vertriebs-Controlling zuständig. Er weiß, was er will. Sein Team beschreibt seinen Führungsstil als autoritär. Schon immer hat man von Martin erwartet zu entscheiden, was richtig ist. Fragen? Nein: Antworten! Darum geht es in seinem Job. Und um KPIs (Key Performance Indicators): In der Leistungskultur der Bank wird die Performance des Einzelnen gemessen und die Zielerreichung zusätzlich vergütet. Martin wird an drei Dingen gemessen:

1. rechtzeitig die Daten für Monats-, Quartals- und Jahresabschlüsse zu liefern.
2. individuelle Reportings für das Management und den Vertriebsvorstand zu erstellen.
3. ein Master-Data-Management aufzubauen – für mehr Transparenz und Data-Governance.

Das ist es, was ihn Karriere machen lässt: Eine Top-Performance, gemessen an den vereinbarten Zielen. Außerdem kann er seine Ideen gut nach oben verkaufen. Er ist argumentationsstärker als viele seiner Kolleg:innen. Genau das will sein Management: Vorschläge und Lösungen, die mit der Schärfe des logischen Verstandes begründet sind.

Martin und Martin

Auch das ist also Martin. Der gleiche Mensch? Ja, gewiss. Allerdings in zwei verschiedenen Lebensbereichen. Interessanterweise folgt jeder dieser Lebensbereiche unterschiedlichen Regeln und Logiken:

Warum wollen wir einerseits alles über einen Menschen wissen, wenn wir uns verlieben? Wir finden Gemeinsamkeiten, ohne danach zu suchen. Wir lassen zu, von unseren Emotionen gelenkt zu werden und genießen es.

Warum wollen wir andererseits nur das Nötigste über einen Menschen wissen, wenn wir mit ihm zusammenarbeiten? Warum interessiert uns dann nur dessen Leistung und nicht die Persönlichkeit dahinter? Ständig sagen wir »Ja, aber …« und tun uns schwer, die Ideen eines anderen anzunehmen. Wir wollen selbst glänzen. Denn so funktioniert unsere Wirtschaft: Zielvereinbarungen werden individuell auf Basis gut messbarer KPIs geschlossen. Gut messbar bedeutet in der Regel: Zahlen, Daten, Fakten, wie Umsatz, Deckungsbeitrag, neu gewonnen Kunden und verkaufte Produkte.

Nie ist der Mensch im Fokus. Oder kennst du Zielvereinbarungen, in denen die gute Zusammenarbeit mit anderen honoriert wird? Die Leidenschaft, mit der du dich einbringst oder wie stark du dich persönlich weiterentwickelt hast? Wie du deine Kolleg:innen inspiriert hast?

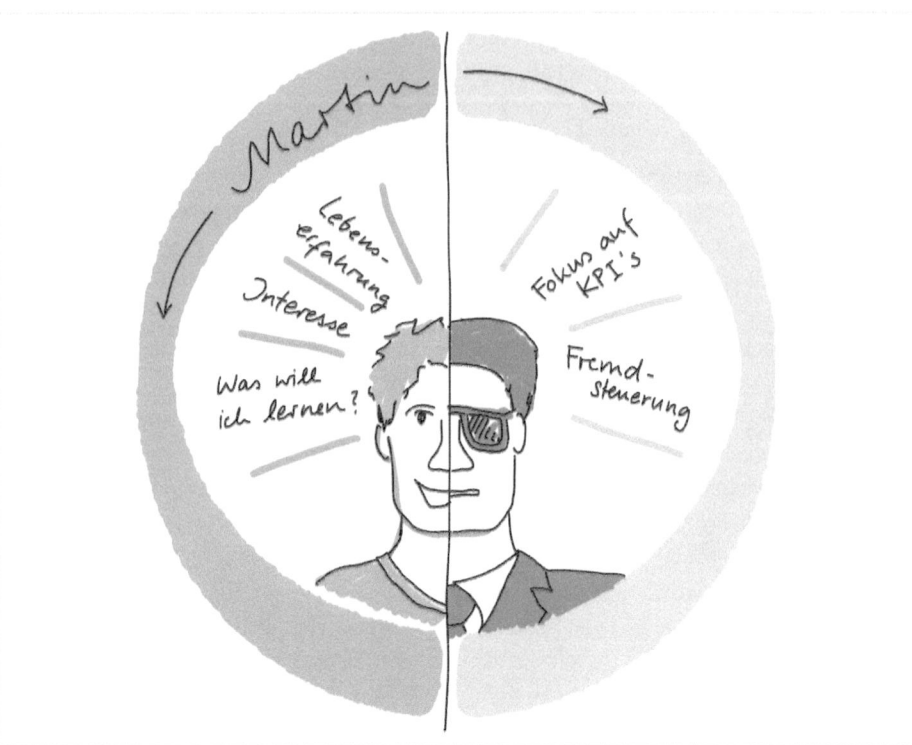

Abb. 11: Martin

Die etablierte Arbeitsweise hat Vorteile:

Diese Art des Arbeitens gibt den Mitarbeitenden große Sicherheit und eine gute Orientierung. Wenn jeder weiß, woran er individuell gemessen wird, ist es leicht zu sagen, ob man einen guten oder schlechten Job macht. Und das wollen alle: gute Arbeit leisten. Schließlich hängen davon Vergütung und Karriere ab. Die Klarheit der Aufgabe ermöglicht es jedem, hoch performant zu sein. Die Qualität des Arbeitsergebnisses bemisst sich an dessen Eindeutigkeit.

Die Prämisse einer solchen Arbeitsweise lautet: Es gibt Menschen, die wissen, was richtig ist. Martin zum Beispiel, der die Konzepte seiner Leute prüft und entscheidet, was davon umgesetzt wird. Für diese Entscheidungen trägt er die Verantwortung, die Mitarbeiter:innen arbeiten dann ihre Aufgabenpakete ab.

Diese Arbeitsweise hat aber auch viele Nachteile:
- Uns wird abtrainiert, das übergeordnete Unternehmensziel im Kopf zu haben.
- Uns wird abtrainiert, Augen und Ohren offenzuhalten für Chancen oder Risiken, die sich rechts und links von unserer Aufgabe ergeben.
- Uns wird abtrainiert, gemeinsam im Team Probleme zu erkennen, ernst zu nehmen und zu lösen.

Ich kenne Menschen, die ihr berufliches Tun für nicht zielführend halten. Auf die Frage, warum sie es dann machen, zucken sie mit den Schultern und sagen: »Weil ich daran gemessen werde.« Wenn wir aber das Gefühl haben, dass unser Handeln stark von jemand anderem gesteuert wird, führt das zur inneren Abgrenzung von diesem Teil unserer Person. Das fördert das Denken und Handeln in zwei verschiedenen Welten: dem Privatleben und dem Arbeitsleben.

Stell dir vor, du arbeitest seit zehn Jahren bei deinem Arbeitgeber. Du hast wahnsinnig viel Erfahrung aufgebaut. Du bist hochgradig produktiv, weil es dir wichtig ist, die Erwartungen zu erfüllen. Du bist eine Maschine.

Nun ändert sich der Markt, es kommt ein neuer Geschäftsführer. Ab jetzt soll alles anders werden. Du auch. Die Geschäftsführung setzt ein Change-Projekt auf und zahlt viel Geld für externe Berater:innen. Diese sollen dir nun bei der gewünschten Veränderung helfen. Kein Wunder, dass 70 % aller Change-Projekte scheitern, oder? (Vgl. Mutaree GmbH, Change-Fitness-Studie 2018/2019.) Denn die meisten Changes kommen von außen.

Was also sollen wir machen? –

Lerne deine Kolleg:innen ganzheitlich kennen!

Interesse für andere erhöht die Wirksamkeit und spart signifikante Kosten für Change- und Lernprozesse.

Schauen wir uns die Bank an, in der Martin arbeitet: Was ist der Geschäftszweck der Bank? **Sicherheit** zu geben:
* den Anlegern die Sicherheit zu geben, dass ihr Geld gut vor dem Einfluss anderer geschützt ist.
* die Sicherheit zu geben, alles dafür zu tun, dass sich das Geld vermehrt.
* die Sicherheit zu geben, Investitionen tätigen zu können durch faire Kredite.

Die Basis dafür: Vertrauen.

Vertrauen sollte in jeder Hinsicht der wichtigste Unternehmenswert der Bank sein. Vertrauen ist der Glaube daran, sich auf jemanden verlassen zu können. Dazu braucht es Transparenz. Es braucht das Gefühl, verstanden zu werden – dass mein Gegenüber es gut mit mir meint und zu meinem Wohl handelt. Es braucht das Zutrauen, dass man aktiv auf mich zukommt, wenn Entscheidungen zu treffen sind. Das gilt sowohl für den Umgang mit den Kund:innen als auch für den Umgang der Beschäftigten miteinander.

Das Management sollte deshalb transparent die Vision und die konkreten Ziele kommunizieren. Um diese zu erreichen, braucht es den vollen Einsatz aller Beteiligten. Mit all ihren aktuellen und neu zu erwerbenden Kompetenzen; also auch der Motivation, sich weiterzuentwickeln.

Deswegen fragen wir NICHT: Was sind nun die konkreten Aufgaben jedes Einzelnen? Sondern wir fragen: **Woran erkennen wir, ob wir wirksam sind?**

Der Unterschied: Wirksamkeit ist das Ergebnis einer systemischen Zusammenarbeit. Wir müssen miteinander kommunizieren und voneinander lernen. Immer wieder fragen: »Wie hast du das gemacht?«, »Warum gehst du so vor?«, »Was machst du als nächstes?«, »Wie können wir ideal zusammenarbeiten?«, »Wen/welche Expertise brauchen wir ergänzend?«, »Was müssen wir herausfinden/lernen, um wirksam zu sein?«, »Wie kann ich dir helfen?« und viele weitere Fragen – auf dieselbe Weise, wie der private Martin sich für Steffi interessiert.

Das ist wie in einem Organismus: Das Gehirn fragt das Auge: Was siehst du? Die Hand fragt das Gehirn: Kann man das essen? Der Mund fragt die Hand: Kannst du es mir reichen? Das Gehirn fragt die Zunge: Wie hat es dir geschmeckt? Kann ich das nun zum Schlucken freigeben?

Wenn wir so miteinander arbeiten, sind Lern- und Change-Prozesse viel einfacher und kostengünstiger, weil sie kontinuierlich stattfinden. In kleinen, gut verdaulichen Häppchen. Selbstverständlich und wirksam.

Ich möchte das am Beispiel meines Kernthemas verdeutlichen: dem Lernen.

Mit unserer Initialausbildung werden wir nicht mehr unser ganzes berufliches Leben überstehen. Der Markt ändert sich so schnell, dass wir uns in schwindelerregender Geschwindigkeit an neue Gegebenheiten anpassen müssen. Wir brauchen neue Fähigkeiten und Fertigkeiten. Diese zu erlangen, setzt viel Engagement, Zeit, Fleiß, Herzblut, Durchhaltevermögen und Ausdauer voraus.

Wie beim Sport: Nach einem einzigen Besuch im Fitness-Studio hat man keine neuen Muskeln aufgebaut. Man ist auch nicht fitter. Dazu muss man regelmäßig dranbleiben. Den inneren Schweinehund überwinden, bis man das Ergebnis seines Aufwands und ggf. seiner Selbstkasteiung sieht. Das wird nur dann passieren, wenn man es wirklich will. Wenn man es nur einem anderen zuliebe tut, wird man früher oder später scheitern.

Beim Lernen (und Lernen ist ein Teil von Veränderung) ist das ganz genauso. Und doch gibt es immer noch viele Unternehmen, die denken, dass ihre Mitarbeiter:innen neue Kompetenzen aufbauen, wenn sie an einer Schulung teilnehmen, die der Chef oder HR für sie aussuchen. Am besten an einem Online-Kurs: Der ist schön effizient und skalierbar und sehr gut in den hochproduktiven Arbeitsalltag einzubauen. Idealerweise sind die Mitarbeitenden sogar selbst so engagiert, dass sie sich aktiv über die Schulungsmöglichkeiten informieren, die dem Unternehmen den größtmöglichen Mehrwert stiften.

Das ist völlig realitätsfern. Die reine Verfügbarkeit von Lernmöglichkeiten motiviert noch nicht zum Lernen. Es motiviert auch nicht, wenn ein anderer sagt, was man lernen soll, um die Ziele des Unternehmens voranzubringen.

So ging es übrigens Steffi, Martins Freundin: Sie ist Assistentin der Geschäftsleitung eines mittelständischen Unternehmens. Vor einigen Monaten hat sie einen neuen Chef bekommen und der sagte: »Frau Wongarz, bitte machen Sie einen Kurs in Projektmanagement. Sie werden das brauchen, wenn wir demnächst mit der Firma Z fusionieren.« Steffi verstand das nicht, schließlich managte sie Projekte seit drei Jahren. Sie hatte zwar nie ein Zertifikat erworben, aber sie war in ihrer Wahrnehmung erfolgreich und hatte Erfahrung. Sie empfand die Erwartung ihres Chefs als Abwertung. Um es ihm trotzdem recht zu machen – sie wurde ja daran gemessen – ging sie im Internet auf die Suche nach einem Intensivkurs. Bei der Recherche fand sie was ganz Anderes: sie macht nun nebenberuflich die Ausbildung zur Heilpraktikerin. Das wollte sie schon immer. Ihr Chef hat sie motiviert, mal wieder was für sich zu tun. Und Projektmanagement? Sie will abwarten, ob der Chef noch mal nachfragt. Vorher macht sie nichts.

So ist das, wenn uns andere sagen, was wir lernen sollen, ohne neugierig zu sein, was wir können und was wir wirklich brauchen. Denn es geht um Wirksamkeit und damit um Handlungskompetenz: Die Fähigkeit also, sich unter ändernden Rahmenbedingungen zielorientiert zu verhalten. Dazu ist eine riesige Portion Erfahrung notwendig, und die kann man nicht lernen. Erfahrungen muss man machen.

Stell dir vor, der Chef hätte sich für Steffis Erfahrung im Projektmanagement interessiert. Er hätte sie gefragt, woran sie die Erfolge ihrer Projekte festmache. Was sie in den drei Jahren gelernt habe. Und ob sie sich regelmäßig Feedback der anderen Projektmitglieder einhole. Was diese denn über sie als Projektmanagerin denken. Vielleicht hätte Steffi in den Gesprächen mit den anderen erkannt, dass sie an ihrem Durchsetzungsvermögen arbeiten sollte. Dazu braucht sie aber keinen kompletten Kurs in Projektmanagement. Vielleicht wäre ein Coaching besser sowie eine Supervision im nächsten Projekt. Steffis Entwicklungsweg wäre eine Kombination aus formellen, informellen, digitalen und analogen Lernelementen. Vielleicht würde sie sogar Martin bitten, ihr Tipps zu geben. Denn Durchsetzungsvermögen ist ja eine seiner Stärken und auch im Privatleben hilfreich. Steffi lernt also nicht nur für die Arbeit, sondern für sich selbst.

Leben und Arbeiten bilden eine größere Schnittmenge als man glaubt

Steffis Beispiel zeigt: Wenn wir uns verändern sollen, damit unser Arbeitgeber mehr Umsatz macht, ist der subjektive Wert bisweilen schwer erkennbar. Wenn wir uns aber verändern, weil wir dadurch unser Erleben der Selbstwirksamkeit erhöhen, tun wir es mit größerer Motivation. Denn unser Lernraum, der Raum unserer Entwicklung, ist unser Leben. Nicht das Büro.

Studien zeigen, dass es Kompetenzen wie Lernfähigkeit, Problemlösefähigkeit oder zielgerichtetes Kommunizieren sind, die uns zukünftig nach vorne bringen[2]. Diese Kompetenzen geben wir nicht an der Firmentür ab, wenn wir nach Hause gehen, und holen sie aus unserer Schublade, wenn wir am Arbeitsplatz sitzen.

---

2   HAYS AG (2019): HR-Report 2019, S. 8, sowie StepStone (2018): Berufseinsteiger im Fokus, S. 29

Lernfähigkeit stellen wir unter Beweis, wenn wir uns ein neues Smartphone anschaffen und neue Funktionen entdecken. Wenn wir die Waschmaschine reparieren wollen, nicht weiterkommen und bei YouTube schauen, wie es geht. Oder wenn wir das erste Mal in unserem Leben Rollrasen verlegen und dazu den Nachbarn fragen, wie er das gemacht habe. Es ist das Prinzip der Herangehensweise an etwas Neues. Wenn wir das im Privaten schaffen, können wir es auf die Arbeit übertragen und umgekehrt. Das ist keine Work-Life-Balance, da verbinden sich Work and Life.

Das ist für mich »New Work«. Das Bewusstsein darüber, dass wir als Privatperson mit unserer Arbeitsperson verschmelzen sollten. Wir sind derselbe Mensch.

Menschen sind subjektiv davon überzeugt, stets logisch zu agieren. Denn Entscheidungen zu treffen auf der Basis von Logik, gilt bei uns als Stärke. »Das Ideal der Logik ist so tief in unserer Kultur verwurzelt, dass selbst Kritiker [...] in der Logik dennoch den universellen Maßstab vernünftigen Denkens sehen« (Gigerenzer 2008, S. 113). In Wahrheit führt es dazu, dass emotionale Entscheidungen im Nachhinein rationalisiert werden.

Von einem Managementtrainer habe ich eine dazu sehr passende Geschichte gehört: Er moderierte ein Führungstraining mit zehn Top-Manager:innen. Auf die Frage, was für ein Entscheidungstyp sie seien, antworteten alle: rational und logisch. Einer der Teilnehmer war mit seinem ausgefallenen Sportwagen angereist. Also fragte der Managementtrainer: »Wollen Sie mir wirklich sagen, dass Sie die Entscheidung für dieses Auto rational getroffen haben?« Alle grinsten und der Angesprochene erwiderte: »Ich brauche Puffer beim Überholen.«

Menschen handeln auf Basis ihrer Emotionen. Also lasst uns diese menschliche, emotionale Komponente in unser Wirtschaftsleben integrieren.

Lasst uns die Wirksamkeit unseres Handelns in den Vordergrund stellen und nicht unsere Aufgaben.

Wenn wir uns auch im Berufsleben so füreinander interessieren, wie wir das im Privatleben tun, finden wir viel zielsicherer unsere Stärken und Handlungsfelder.

Fazit:
Niemand weiß, was richtig ist. Auch kein Vorstand. Deswegen brauchen Unternehmen engagierte, mitdenkende, interessierte und handlungskompetente Mitarbeitende. Wirksame Leute. Menschen mit Lebenserfahrung und all ihrem kreativen Potenzial. Kreativität ist aber nicht planbar: Heute brauchen wir für kreatives Arbeiten einen Spaziergang durch den Wald. Morgen den Austausch mit Kolleg:innen beim Mittagessen. Übermorgen treffen wir uns mit Flipchart, Stiften und Papier im Besprechungszimmer und nächste Woche beim Grillen im Garten von Michael und Steffi, die endlich zusammengezogen sind. Die Zone unserer Entwicklung ist unser gesamtes Leben.

Dazu brauchen wir einen Kulturwandel in den Unternehmen. Kultur ist die Art, wie wir im Alltag miteinander umgehen. Sie fängt bei uns selbst an. Bei den ungeschriebenen Regeln auf allen Hierarchie-Ebenen.

»Der Geist einer Organisation ist das Spiegelbild der Umgebung, welche die Führungskraft schafft« (Gigerenzer 2008, S. 89).

Externe Berater:innen führen keinen internen Kulturwandel herbei.

Was uns im Weg steht: die Angst vor dem Verlust von Einfluss und Kontrolle.

Deswegen führen wir Stellvertreterdiskussionen zu »New Work«:

Wie viele Tage pro Woche kommst du ins Büro? Wie sieht für dich der perfekte Arbeitsplatz aus? Was für technische Geräte brauchst du, um produktiv zu sein?

Bezogen aufs Lernen: Was für Lernmaterial brauchst du? In welchen Themen möchtest oder solltest du dich weiterbilden? Was für ein Lerntyp bist du?

Ich bin davon überzeugt, dass das die völlig falschen Fragen sind. Denn aus meiner eigenen, langjährigen Erfahrung sowie zahlreichen Gesprächen mit Lern- und New-Work-Verantwortlichen weiß ich, dass die Investition in die Umsetzung dieser Wünsche oft wenig Effekte gebracht hat. Unternehmen kaufen für hohe fünfstellige Beträge jedes Jahr massenweise Lernmaterial ein. Die Klickraten sind eine Katastrophe. Nach anfänglicher Euphorie schaut sich kaum noch jemand die Lernmodule an. Die bequemen Sofas und Lounge-Zonen im modernen Büro werden nicht genutzt. In Zeiten von Homeoffice sparen sich viele Mitarbeiter:innen den nervigen Weg zur Arbeit.

Die reine Verfügbarkeit von Möglichkeiten motiviert nicht zum Handeln. Schon gar nicht, wenn jemand anderes die Möglichkeiten schafft.

Fang bei dir selbst an!
Erkenne, dass die Lebenserfahrung der anderen wertvoll ist. Und dass du davon profitieren kannst. Alles ist Inspiration. Frage, um zu verstehen, nicht um selbst zu reden. Wir brauchen interdisziplinäre und diverse Teams. Aber dafür müssen wir die Art verändern, wie Menschen Karriere machen.

Weg von den individuellen KPIs, hin zu wirksamen Teamentscheidungen.

Und wie machen wir das mit der Vergütung? Das ist eine gute Frage, für deren Beantwortung ich erste Ideen, aber noch keine finale Lösung habe. Lass uns gemeinsam diskutieren. Mich interessiert, was du darüber denkst. Lust auf eine Tasse Kaffee?

2.5   Ein neues Maß für Leistung?

Eine erste Antwort oder besser formuliert eine Fragestellung möchte ich (Dominique Stroh) zu Meike Leues New-Work-Aufruf ergänzen.

Im Zuge eines Transformations-Workshops hatte eine Mitarbeiterin einen interessanten Gedanken vorgebracht, der dann von deren Gruppe diskutiert wurde:

»Was wäre, wenn unsere Leistungsfähigkeit danach bemessen würde, wie es uns geht?«

Die Idee entstand bei einem Prototyp zu einer offenen »Ressource-Sourcing-Plattform«, bei der man sich auf ein Projekt bewerben oder angefragt werden kann, um intern an verschiedenen Themen ressourcenbewusst zu arbeiten. Dabei geht es um Expertise, zeitlich bessere Einteilung, effektivere Verteilung von Wissen, aber auch darum, die »Ressource Mensch« so zu betrachten, dass diese auch mal »schwächer« ist, etwa wegen privater Themen wie der Unterstützung pflegebedürftiger Eltern.

Zur Diskussion
- Wie schafft es eine Organisation, die Mitarbeitenden nicht mehr als Ressource, sondern als ganzheitliche Menschen zu betrachten – mit allem, was ein Mensch so mit sich bringt?
- Wie könnte man Arbeit nach der selbstbestimmten Leistungsfähigkeit des Mitarbeiters ausrichten (über Viertagewoche etc. hinaus)?

2.6   Wilde Gedanken über Führung – magst du mitdiskutieren?

Michel Zimmermann

Wie sehen Organisationen in 20 Jahren aus? Wie funktioniert Change? Wie arbeiten Teams in der Zukunft? Und wie verortet sich Führung in dieser immer komplexer werdenden Zukunft?

Dominique diskutierte mit mir in einer langen und ausführlichen, geselligen Runde darüber, wie ich sowohl die bisherigen (Ver-)Änderungen als auch den Ausblick auf dieses facettenreiche Themengebiet wahrnehme. Und in meiner Art habe ich während meiner Thesenbildung meine Ideen immer weiterentwickelt, sodass die späteren Theorien die vorherigen wieder ausgeschlossen haben.

Genau diese Vorgehensweise möchte ich nun auch hier nutzen, um einmal »querbeet« zu denken, Inspirationen zu setzen und Vielfalt zu ermöglichen. Denn eines ist klar, es wird vielfältig – und diese Vielfältigkeit benötigen wir auch, um voneinander zu lernen, um uns weiter auf das zu Erwartende vorzubereiten.

Für die sich ständig verändernden Anforderungen wurden auch neue Namen gefunden: Agile Arbeit, Laterale Führung, Thinktank, Design Thinking etc. Eine Gesellschaft verändert sich und damit auch die Anforderungen der Teammitglieder an ein Unternehmen. Immer weniger Menschen folgen starren hierarchischen Strukturen, sie wollen kreativer arbeiten, möchten sich mehr einbringen, stärken kurzfristig ihre Kompetenzen in anderen Fachgebieten und sind dadurch auch vermehrt projektorientiert.

Für Führungskräfte und Projektleitungen bedeutet das, schnell und flexibel auch auf diese Anforderungen zu reagieren und die Teammitglieder stets in deren Entwicklung zu fördern. Dies ist zum Teil der Ist-Zustand, wird also schon in vielen Unternehmen gelebt, jedoch musste ich feststellen, dass Unternehmen ebenso auf Grenzen stoßen.

Allein der Bereich der »Digitalisierung« ist für viele Unternehmen eine besondere Herausforderung. Produkte müssen neu durchdacht werden, Teammitglieder müssen anders/neu denken und die Marktanforderungen sind hoch.

Man könnte, wie auch Roland Geschwill und Martina Nieswandt (2016), von einer dritten industriellen Revolution sprechen – der Digitalisierung. Man meint, die funktioniert schon ganz gut, aber das Wort beinhaltet doch einiges mehr als es vorgibt.

Andere Autoren stellen auch jetzt schon fest, dass die bisherigen Organisationformen und deren Strukturen nicht mehr ausreichend sind. Aber wie sieht eine Organisation aus, die diesen Herausforderungen gewachsen ist?

Michaela Moser (2017) spricht von einer heterarchischen Organisationsform. Eine sich selbst steuernde Organisation, welche sich nach den Erfordernissen, ein Problem zu lösen, ausrichtet. Eine flexible Organisationsform, die sich bewusst der hierarchischen Beziehungen entledigt und somit als Gegensatz zur hierarchischen Ordnung versteht. Demokratie versteht Moser mit Sartori als »(...) ein System, in dem niemand sich selbst auswählen kann, niemand sich die Macht zum Regieren selbst verleihen kann und deshalb niemand sich unbedingte und unbeschränkte Macht anmaßen kann« (Sartori 1992, zit. n. Moser 2017, S. 54).

Ich möchte mich Mosers Konzept ein wenig näher widmen. Dazu muss zuallererst geklärt werden, wie die Autorin eine Organisation versteht. Sie wendet sich vom konstruktivistisch-technomorphen Konzept stark ab und fasst Organisation als einen lebendigen Organismus auf, der fortlaufend Umwelteinflüssen ausgesetzt ist, sich allen Erfordernissen anpassen kann bzw. auch durch ständige (Weiter-)Entwicklung neue Umwelten schafft. Somit geht sie von einer Art »systematisch-evolutionären« Theorie aus.

Diese beschreibt den Organismus und die Umwelt als ein rotierendes Gefüge, ein sich wechselseitig bedingendes (zirkuläres) Zusammenspiel und keinesfalls als linearen Prozess (vgl. Moser 2017, S. 55).

Mosers Konzept der Heterarchie bezieht sich aus organisationstheoretischer Perspektive auf eine grundlegend »neuartige« Organisationform. Eine Organisation, welche sich der Hierarchie (beinahe) entzieht und versucht, auf Grundlage einer im Menschen steckenden, bestimmten Motivation eine Funktionalität zu umrahmen; welche weiter aufgrund ihres systemischen Ansatzes selbstbestimmt und selbsterhaltend ist.

Es ist sicher möglich, dass eine Organisation auf dieser Grundlage gut funktioniert, jedoch mit bestimmten Vor- und Nachteilen: Schaut man sich das Konzept unter der Prämisse an, dass die sozialhistorischen Bedingungen einer Gesellschaft dazu geführt haben, Menschen unter hierarchischen Bedingungen existieren zu lassen, so kann der Schritt in eine Heterarchie eine große Herausforderung darstellen. Daher ist die Auswahl der Mitglieder einer Organisation eine besondere Herausforderung, da es durchaus vorkommen kann, dass Menschen sich nur bedingt in heterarchischen Systemen wiederfinden können.

Mein Verständnis einer »Zukunftsorganisation« zielt nun darauf ab, die klassischen Organisationslogiken zu überdenken und ggf. anzupassen. Wie aber kann eine heterarchische Organisationsform überhaupt umgesetzt werden?

Keine mir bekannte Rechtsform in Deutschland würde eine solche hierarchiefreie Unternehmensqualität erlauben. In jeder Rechtsform gibt es eine »Spitze« (Gesellschafter/Geschäftsführung etc.) und damit in der Konsequenz auch eine zumindest formale Hierarchie. Innere Prozesse, bspw. der Entscheidungsfindung, können natürlich innerhalb einer Organisation angepasst werden. Moser versucht dieses Paradox damit zu lösen, dass sekundäre Organisationen mit hierarchischen Strukturen benötigt werden, um eine heterarchische Organisation funktional zu halten. Eine spannende These!

> **Einwurf Dominique Stroh über einen spannenden Besuch bei der Firma metafinanz Informations-systeme GmbH**
>
> Michel, das ist wirklich eine spannende These. Ich habe einen sehr ähnlichen Ansatz der metafinanz bei einem Besuch 2019 beobachten dürfen. Deren New-Work-Reise von einem tradierten hierarchischen 800-Mitarbeiter-Unternehmen zu einer agilen, dezentralen Organisation wurde entlang von sechs Dimensionen gestaltet: Strategie, Struktur, Prozesse, Führung, Tools und Kultur. So entstand die erste »Beta-Version« der neuen Organisation. Aus Abteilungen und Bereichen wurden knapp 50 autonome, selbstorganisierte Teams. Das Management wurde abgeschafft und flache Hierarchien mit schnellen, dezentralen Entscheidungen etabliert. Ganz interessant ist dazu »Changeland: Ein Film über den Wandel der metafinanz«.[3]

Ist das der Weg, den wechselnden und steigenden Anforderungen zu begegnen? Ja, sicherlich ist damit ein möglicher Ansatz gefunden worden, um flexibel oder flexibler den Geschehnissen zu begegnen. Was würde das aber für die Führungskräfte heute bedeuten?

---

3   https://metafinanz.de/2018/04/21/change-organisation-metafinanz/ (Abruf 22.3.21)

Ich denke, dass es in Zukunft nicht mehr (oder nur noch bedingt) die »klassischen« Führungskräfte geben wird. Meines Erachtens werden Organisationen sich danach ausrichten müssen, temporäre/projektartige Zusammenkünfte zu fördern, in denen es keine eindeutige Führungskraft geben wird. Überall jedoch gibt es bestimmte Rollen, die ausgeführt werden sollen. Systeme, die miteinander arbeiten, Ein- und Ausschluss regulieren und damit auch Kompetenzen verteilen.

Wechselnde Führung in Projekten

Nach meinen Erfahrungen in Projektarbeiten richtet sich die »Führung« immer nach der zu einem bestimmten Zeitpunkt geforderten Kompetenz. In jedem Projekt hat jedes Teammitglied bestimmte Kompetenzen, die mal mehr und mal weniger in Fokus rücken, und diese Person übernimmt auch temporär die »Führung« in dem Projekt.

Also würde ich **Führung als etwas Flexibles** beschreiben, das sich wechselnden Anforderungen anpasst. Doch bis dahin muss auch im gesellschaftlichen Denken noch etwas passieren. In einer Gesellschaft, in der schon im Bildungssystem jahrelang Hierarchie gelebt wird, ist die natürliche Konsequenz, dass Menschen sehr stark davon geprägt sind und diese Art nur schwer ablegen können. Es ist zwar schon an der ein oder anderen Stelle zu sehen, dass sich ein neues Denken durchsetzt. Bis dahin muss aber noch an einigen Rädchen gedreht werden.

Im Austausch mit anderen Führungskräften über meine »wilden« Ideen bekomme ich jedoch das Feedback, dass Führung immer wichtiger wird. Dass klare »Ansagen« eingefordert und Entscheidungen getroffen werden sollen. Das verunsichert allerdings nachhaltig: Auf der einen Seite entwickeln sich Führungsthesen immer mehr in die Richtung einer lateralen, gar heterarchen Führungstheorie und auf der anderen Seite höre ich genau das Gegenteil. Woran könnte das liegen?

Ist es die Angst vor dem Verlust einer sog. »Macht« oder verändert sich unsere Gesellschaft in die Richtung, in der Hierarchie *noch mehr* Grundvoraussetzung ist und kreatives Einbringen, lebenslanges Lernen und Verantwortung zu übernehmen Angst machen? Das wäre sehr bedenkenswert. Nicht unbedingt das Dasein von Hierarchie – sie erfüllt ihren Zweck. Ich meine vielmehr, dass sich Menschen nicht mehr trauen, ihre Fähigkeiten und Kompetenzen einzubringen. Daran möchte ich nicht glauben.

Wer kennt es nicht: Wenn Prozesse, Abläufe oder Inhalte in einem Team ins Stocken geraten, gehört konsequenterweise zur Rolle der Führung die Verantwortung, alles wieder »in Ordnung« zu bringen. Aber vielleicht ist das Stocken, diese Art »Unordnung« nur der Versuch von Teammitgliedern, Neues zu testen? Dass bisherige Strukturen nicht mehr das erbringen, was sie bisher geleistet haben? Das kann allerdings nach sich ziehen, dass sich Teammitglieder möglicherweise damit nicht mehr in ihren Fähigkeiten und Kompetenzen wertgeschätzt fühlen. Um schließlich die Verantwortung wieder mehr ins Team zu geben, bedarf es wiederum einer verhältnismäßig langen Prozedur.

In einigen meiner vorherigen Jobs hatte ich regelmäßig das Gefühl, dass Verantwortung aus den Teams genommen wird. Jeder Versuch, sie wieder zurück ins Team zu bringen, wurde nicht lange ausgehalten. Wie auch? Wir haben auch das Laufen nicht in zwei Tagen gelernt. Genauso braucht es Zeit, Verantwortung wieder zu übernehmen und auf der anderen Seite, dies auch zuzulassen. Sicherlich ist es manchmal schwer, Fehler zuzulassen und zugleich viel Akzeptanz und Verständnis entgegenzubringen; Unordnung auszuhalten. Wenn ich das aber nicht tue, brauch ich doch (überspitzt gesagt) gar keine Fachkräfte mehr. Denn Laufen zu erlernen hat auch eine gewisse Zeit gedauert und wir sind oft hingefallen. Jetzt denken sich vielleicht einige Leser:innen: Ist doch klar! Das hoffe ich auch, jedoch musste ich bei meinen eigenen Führungskräften/Projektleitungen und natürlich auch bei mir selbst feststellen, dass ich von meinem sozialhistorischen Kontext (von dem ich dachte, ich könnte ihn umgehen) nicht so einfach loskomme. Loskommen bedeutet in meinem Kontext vor allem, erstmal zu akzeptieren, dass es viele Wege gibt, Ziele zu erreichen, hinzunehmen, dass Ziele sich ungemein schnell verändern können und – mich in Geduld zu üben.

In einem heterarchischen Unternehmen nach Moser würde man vermutlich ein demokratisches Instrument nutzen, um eine Mehrheit über die weiteren Schritte bestimmen zu lassen und im besten Fall auch zu schauen, dass Minderheiten dennoch nicht hinten runterfallen.

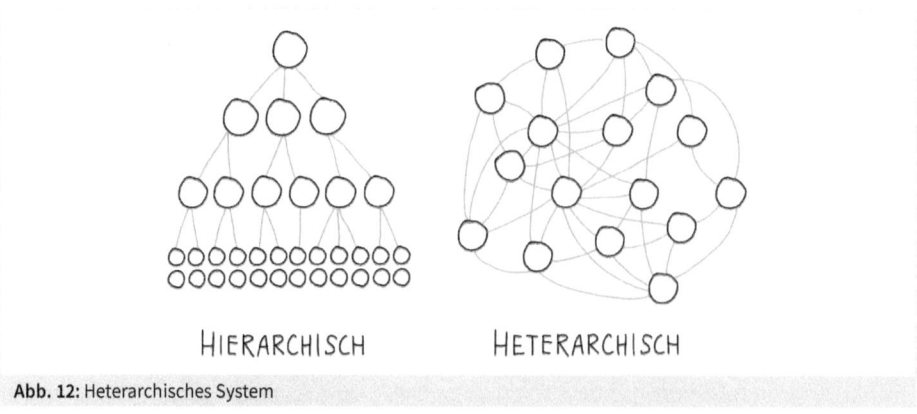

Abb. 12: Heterarchisches System

Was brauchen wir aber im Weiteren, dass diese Idee funktionieren kann?

In erster Linie brauchen wir Führungskräfte, die es zulassen können, Verantwortung abzugeben.

Ich denke, dass das die Ausgangsbasis für alle weiteren Veränderungen darstellt und das braucht eben seine Zeit. Geeignete Teammitglieder zu finden oder die bereits vorhandenen Mitglieder in ihren Stärken und Schwächen erstmal zu erkennen bzw. anzuerkennen, sollte mehr oder minder von allein klappen. Dabei gilt es, die kleinen Machtkämpfe auszuhalten und zugleich auch wirken lassen. Dieser Prozess beinhaltet natürlich auch einen erhöhten Rollenwechsel. Teams sortieren sich wieder neu und werden bestimmt erstmal ein konfuses Miteinander darstellen. Wenn diese Phase allerdings schließlich überwunden wurde, Rollen geklärt sind und die Führungskraft sich auch als eine befristete Rolle wahrnimmt, muss es gegeben sein, dass Teammitglieder mehr oder minder ungehindert andere Firmenbereiche anschauen können – was heutzutage unter Jobrotation verortet wird. Vielleicht wird Führung auch erstmal eine Art Mentoring-Funktion erhalten? Es müssen Orte des interdisziplinären Austauschs geschaffen werden. Nur so können sich perspektivisch neue Gruppen bilden, Ideen ausgetauscht und verfolgt werden. Nur so wird es möglich sein, nicht nur unmittelbar auf Probleme zu reagieren, sondern diesen schon zu begegnen, ehe sie auftauchen, bzw. sich entsprechend auf sie vorzubereiten.

Diese Perspektive auf die »Organisation« ist natürlich sehr speziell, zum Teil auch schwer vorzustellen. Jedoch sehe ich hier eine Chance, die grundsätzliche Meinung zu »Arbeit« neu zu gestalten. Vielleicht auch wieder Firmenzugehörigkeit zu fördern, langfristig handlungsfähig zu werden und zu bleiben und zielorientierter zu werden. Die Chancen, Flexibilität in der Gestaltung seiner Arbeit und Arbeitsgruppen zu erleben, wechselnde Arbeitsgebiete zu erforschen und zu testen oder kurz zusammengefasst, seiner intrinsischen Motivation folgen zu dürfen. Nur dann wird es möglich sein, die richtigen Menschen an den richtigen Orten anzutreffen, die eine Organisation langfristig auf den Märkten existieren lassen.

Ein weiterer Punkt ist der Faktor Kontrolle. Viele Unternehmen fangen damit an, Kontrolle nicht mehr als ein Instrument der Unternehmensführung zu sehen, sondern vielmehr als ein Hindernis. Die Effektivität von Kontrolle ist schon lange hinterfragt, zeigt sie doch eigentlich nur noch das mangelnde Vertrauen in seine Teammitglieder. Eine Vertrauensebene, die Menschen in ihrem Denken auch beeinflusst.

Diese Gedanken über Führung und Organisation zeigen natürlich auch nur eine mögliche Variante der Entwicklung. Jedoch lohnt es sich sicherlich, neue Wege in Betracht zu ziehen und zu experimentieren. Es ist unwahrscheinlich, dass ein Versuch keine Erkenntnisse hervorbringt. Genau diese Erkenntnisse müssen genutzt werden, um für seine Organisation einen geeigneten Weg zu finden, Veränderung(en) in Zukunft zu leben. Veränderung(en) – Change – werden in Zukunft immer tragender. Es wird nur noch wenige Bereiche geben, die sich auf dem, was sie haben, ausruhen können. Produkte werden neu- oder weiterentwickelt und genauso schnell, wie sie entstanden sind, werden sie auch wieder vom Markt genommen. Manche von ihnen werden länger Bestand haben und andere kürzer, sodass es ebenso vorstellbar ist, dass sich das Kerngeschäft eines Unternehmens verändert.

Aber gibt es einen alternativen Weg, Widerstand (gegen Change) für sich zu nutzen, ihn produktiv wirken zu lassen?

Es ist auf jeden Fall nicht ausgeschlossen, dass eine Reduzierung der »Machtpotenz« und die Fokussierung auf die Zusammenlegung von Ressourcen-Einsätzen neuartige Möglichkeiten bieten.

Den »Kampf durch den Tausch zu ersetzen« (Neuberger 2002, S. 702 f.), die Ressourcen zu scho-
nen, Beziehungen leben zu lassen und deren inliegendes Vertrauen für sich und wechselseitig
zu nutzen:

»[...] nur, wenn der ›Herr‹ dem ›Knecht‹ Freiheit lässt, wird dieser nicht nur das Erzwungene tun,
sondern Mehr-Wert schaffen, von dem beide profitieren. Für den ›Herrn‹ impliziert die Freiheit
des ›Knechts‹ allerdings den Abschied von der Determination des knechtischen Handelns: er
kann es ›nur‹ noch konditionieren« (Neuberger 2002, S. 703).

Also Freiheit geben, um Mehr-Wert zu schaffen. Aber unter welchen Bedingungen kann Freiheit
existieren, bzw. gibt es überhaupt eine Freiheit?

Konstruierte organisationale Strukturen und Persönlichkeitsstrukturen müssen eine Überein-
stimmung finden, unter welcher eine Identifikation mit dem »Ich« stattfinden kann, bzw. diese
Strukturen können auch das »Ich« formen. Das gilt sowohl für die Führung als auch für Mitarbeitende. Unter diesem Gesichtspunkt ist es die zentrale Aufgabe u. a. von Führungskräften,
aber auch Organisationen, identitätsstiftend zu wirken, um Menschen unter den anspruchs-
vollen Bedingungen einer Organisation eine sogenannte Freiheit (die sich sehr unterschiedlich
äußert) zu ermöglichen.

Eine sehr anspruchsvolle und nachhaltige Aufgabe.

Eine kleine Übung für Führungskräfte oder die, die es gerne sein wollen, um Michels Gedanken in den Alltag zu bringen!

Stelle deinen Kolleg:innen, Mitarbeitenden oder Freunden folgende drei Fragen:
- Was findest du in unserer Zusammenarbeit besonders?
- Was nervt dich regelmäßig an mir?
- Was für einen Wunsch hast du an mich, bei unserer nächsten Begegnung? Oder ganz grundsätz-
  lich, wenn wir zusammen Zeit verbringen?
- Wie siehst du Führung? Bzw. wie willst du geführt werden?

2.7   Good Old Leading – Brand New Working?

Heidrun Strikker, Frank Strikker

2.7.1   Agile Führung und Moderation

Produktionsprozesse sowie Steuerungsprozesse verteilen sich mittlerweile über den gesamten
Globus und fordern dazu auf, kollaborativ zusammenzuarbeiten, was gerade in der Krisenbe-
wältigung um die Beschaffung von Masken, Impfstoffen und Expertise mehr als deutlich wird.

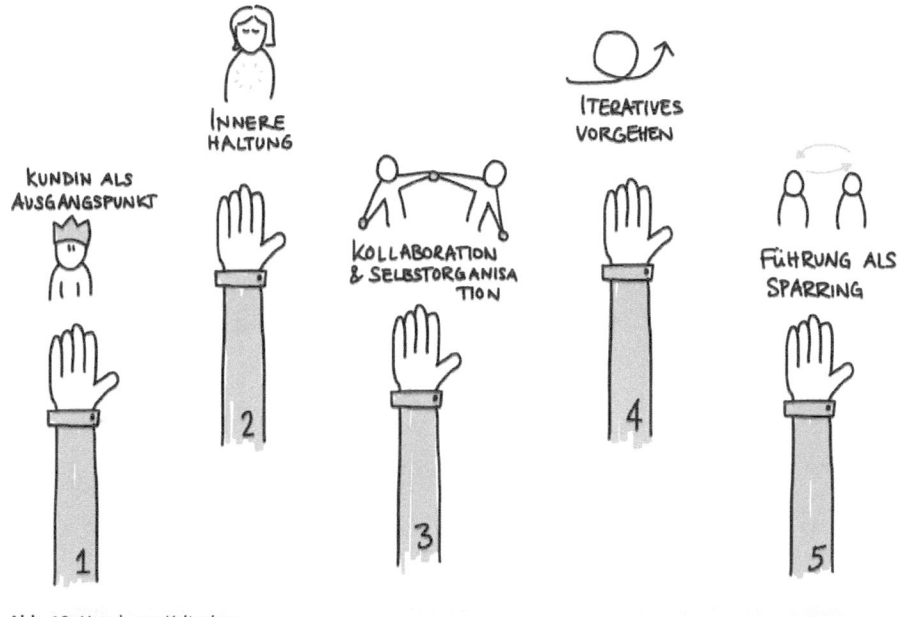

Abb. 13: Hands-up-Kriterien

Die folgenden fünf »Hands-up-Kriterien« zeigen, wie diese neuen Formen der Zusammenarbeit miteinander verknüpft sind und zu Teamerfolgen und hoher Motivation der Beteiligten führen:

Kund:in als Ausgangspunkt

Kontakte, Beziehungen und Wünsche der Kund:innen sind als die zentralen Ausgangspunkte jeder geschäftlichen Aktivität zu verstehen. Ohne Kund:innen kann kein wirtschaftliches Handeln erfolgreich sein. Neuartig ist das Verständnis, dass Kund:innen durchaus Produkte geliefert werden können, die sich noch in der Entwicklung befinden und noch nicht völlig ausgereift sind. Die Kund:innen werden als Mitproduzent:in verstanden und vor allem im B2B-Geschäft in dieser Rolle angesprochen.

Innere Haltung

Es geht darum, offen für Neues zu sein, kreativ, neugierig und beweglich zu bleiben und damit ein mentales Mindset zu verinnerlichen, das Veränderungen unvoreingenommen begrüßt. Wichtig ist es, auch als Führungskraft an die eigene Veränderungsfähigkeit zu glauben und ein positives Menschenbild zu haben.

Kollaboration und Selbstorganisation

Das Teamziel rahmt die individuellen Ziele ein, Individualinteressen und Gemeinwohlinteressen gilt es auszubalancieren – ein Grundsatz, der von manch einer ehrgeizigen, auf den eigenen Erfolg achtenden Führungskraft nicht leicht akzeptiert wird. Gegenseitige Unterstützung und Selbstorganisation sind die zentralen Prinzipien für eine erfolgreiche Zusammenarbeit.

Iteratives Vorgehen

Planung verläuft in kurzen Zyklen, um regelmäßig Feedbackschleifen und Reaktionen integrieren zu können. Diese Tempoveränderung, bei der Fehler offen diskutiert und ausgewertet werden, ist zugleich eine intensive Kulturveränderung. Wichtig ist die Bereitschaft, auch ungewöhnliche Lösungsmöglichkeiten auszuprobieren, Meinungen einzuholen und Entscheidungen vor ihrer Umsetzung mit vielen Beteiligten zu besprechen.

Führung als Sparring

Führung schafft und formuliert wohldurchdachte Rahmenbedingungen für agiles Arbeiten. Sie stellt den strategischen Handlungskorridor für die Teams sicher und gibt den Beteiligten Rückendeckung auch »nach oben«, wenn es Ideen und Vorschläge gibt, Neues zu wagen. Es geht darum, Präsenz als Führungskraft zu vermitteln, »über den Tellerrand« bisher gewohnter Abläufe und Strukturen zu denken, verbindlich und erreichbar zu handeln und zugleich die Selbstorganisation und Aufgabenverteilung in den Teams zu stärken.

Damit ist New Work einerseits deutlich mehr als »nur« eine starke Veränderung in den Arbeitsbedingungen und Formen der Zusammenarbeit. New Work ist die konsequente Begleiterscheinung einer Entwicklung, die einerseits auf die digitale Transformation unserer Gesellschaft abzielt und damit notwendigerweise Entscheidungsverläufe, Strukturen und Zuständigkeiten revolutioniert.

Andererseits zeigt sich parallel die wachsende Aufhebung traditioneller, von Gewerkschaften und Arbeitnehmer-Vertretungen ausgehandelter Tarifverträge und gewohnter Abstimmungsprozesse. Die Digitalisierung forciert weitreichende Outsourcing-Prozesse, die für viele Menschen in einer Tätigkeit als Solo-Selbständige münden wird (Goffart 2019) und damit zu einer verstärkten und isolierten Individualisierung von Arbeit führt.

Gewohnte Absprachen lösen sich auf, Sicherheit an Arbeitsplätzen findet nur in wenigen Branchen und Unternehmensbereichen Widerhall, die Auswirkungen der Klimaentwicklung werden diesen Prozess beschleunigen.

2.7.2   Entstehender Gegenwind oder Gegentrend

Bevor wir wirklich herausfinden konnten, ob New Work die Arbeitswelt radikal verändern wird, hat die Corona-Epidemie weltweit einen dunklen Schatten auf diese Entwicklung geworfen und schnell zu hierarchisch geprägten Kommunikationsmustern geführt – politisch, wirtschaftlich, unternehmensintern. In kürzester Zeit richtete sich der Blick von der Peripherie der agilen Teams hinaus auf die hierarchischen, klaren und unmissverständlichen Vorgaben und Hinweise der Vorgesetzten und deren sicheren Umgang mit den sich ständig wandelnden öffentlich-politischen Vorgaben. Bei einer Krise erscheint vielen Menschen das hierarchische Entscheiden als der relativ beste Weg.

Der Rückzug weg von möglicher Ansteckungsgefahr in das zunächst sicher empfundene Private und die daraus folgende Aufhebung der räumlichen Balance zwischen Work und Life haben gravierende Veränderungen im persönlichen Lebensstil zur Folge und eine völlig neue Welt und neues digitales Arbeiten hervorgebracht, viel stärker, als von Vertreter:innen der New-Work-Modelle vielleicht erwartet oder erdacht wurde.

Die neuen Arbeitsformen drängen sich unter Covid-19-Beschränkungen besonders stark in einen Zwischenraum, der für viele Menschen einen wichtigen Trennungsbereich darstellt – der zeitliche und räumliche Raum zwischen Privat- und Berufsleben, Work and Life und Balance zwischen Home und Office.

Seit Ausbruch der Pandemie gibt es für mehr Menschen als zuvor die Möglichkeit oder auch den alternativlosen Auftrag des Remote-Arbeitens von zu Hause aus. Die emotionalen Reaktionen darauf skalieren von »sehr gute Chance« über »das soll mindestens zwei Tage pro Woche so bleiben« bis zu »komplett untragbar« – und zwar sowohl in Behörden als auch in Familienunternehmen, in kleinen und mittleren Unternehmen sowie in großen Konzernen. Für einen großen Teil der Betroffenen ist Remote-Arbeiten als völlig neue Arbeitsweise in die persönlichen Wohnungen, Appartements, Familienhäuser eingedrungen, die, abseits des öffentlichen und unternehmensinternen Lebens, seither individuell mobil, oft selbstorganisiert und mit erheblich höherem kommunikativem Aufwand zu meistern ist, als dies anfangs absehbar war.

Führungskräfte erleben völlig neue Aufgaben, allerdings stehen ihnen in den Homeoffice-Plätzen nicht überall unterstützende Scrum Master zur Verfügung, wenn sich im Team Konflikte anbahnen und zudem aus technischen Gründen Aufgaben im Homeoffice oftmals nicht glücken. Oft existieren in den Homeoffices keine eigenen Arbeitsräume oder werden von anderen Familienmitgliedern bzw. Partner:innen genutzt, die in einer ähnlichen Situation sind. Zur Last für alle wird es zunehmend, wenn sich Kolleg:innen auf knappem Raum und mit kleinen Kindern um sich herum trotzdem irgendwie in Küchen, an Couchtischen und Sofaecken zum nächsten Meeting am privaten PC einfinden und auf Unterbrechungen und Störungen aller Art reagieren müssen.

Wie kann New Work hier noch gelebt werden?

Haben sich die innovativen agilen Arbeitsformen aufgelöst, ehe sie sich aus dem IT-Umfeld hinaus in anderen Unternehmensbereichen ausbreiten und dort zu neuen Formen der Zusammenarbeit entwickeln konnten?

Wir denken: Nein, agile Zusammenarbeit ist wichtiger denn je, denn wir brauchen alle Formen hybrider, analoger und virtueller Arbeitsformen, um die anstehenden Krisen zu bewältigen und die Arbeitswelt und unser demokratisches Miteinander zusammenzuhalten. Führungskräften kommt in dieser Zeit eine herausragende Bedeutung zu, auf allen Ebenen, hierarchieübergreifend, in allen Branchen und Organisationen. Es gibt neue Zielsetzungen, die Engagement, Durchhaltekraft und eine gewisse Fähigkeit zu resilientem Handeln verlangen.

Es gibt Beispiele in Unternehmen, von denen gelernt werden kann: Die eingangs kurz skizzierten New-Work-Bedingungen mögen sich für viele Teams dramatisch verändert oder auch nahezu aufgelöst haben. Diese Situation wird sich weiter entwickeln. Die unter Krisenerfahrungen hierarchisch geprägten Abläufe und Kommunikationsstrukturen bieten ein enormes Lernfeld, um auf die Zukunft zu schauen und jetzt Vorkehrungen für gemeinsame und kreative neue Arbeitsformen zu entwickeln. Es wurden bereits die Teams angesprochen, die schon vor dem Corona-Ausbruch Remote-Arbeitsplätze innehatten, weil sie bei Kund:innen in Projekten arbeiten oder international/überregional aufgestellt sind. Ihre Teammitglieder sind sogar im Vorteil, weil sie längst digitale Medien kennen, sich mit didaktisch-methodischen Learning-Tools befasst oder sie mit entwickelt haben und Digitalisierung als technische Entwicklung in ihren internationalen Teams gewohnt sind. Hier kann New Work wie ein neuer Rahmen für bereits erworbene Kompetenzen wirken, denn diesen Führungskräften und Projektleitungen und anderen Interessierten raten wir, Folgendes zu beherzigen:

2.7.3   SPOC – vier agile Qualitätsmerkmale für erfolgreiche Zusammenarbeit in der analogen und digitalen Welt

Vier agile Qualitätsmerkmale für erfolgreiches Zusammenarbeiten in der analogen wie der digitalen Welt beherzigen:

S pirit schaffen für die Veränderung in Kopf und Hand in jedem Meeting mit Spaß, Zusammenhalt und Überraschungen.

P artizipation so früh wie möglich mit allen Beteiligten/Betroffenen herbeiführen und offen über Fehler, Themen und Fragen sprechen, um Entscheidungen als Team herbeizuführen.

O rientierung geben durch klare Zielbenennung, fortlaufende Prozesskontrolle und gesunde Feedback-Kultur auch gegenüber Vorgesetzten.

C losing sicherstellen durch gemeinsam definierte Meilensteine und verbindliche Ergebnissicherung.

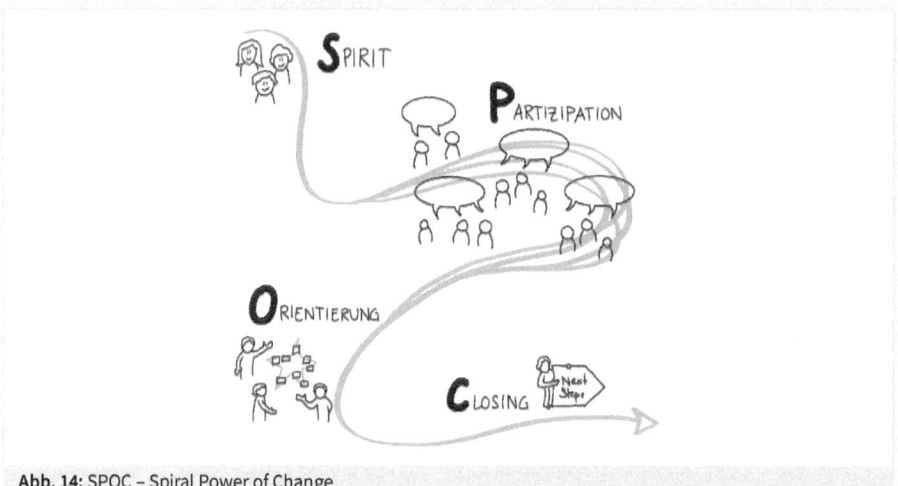

Abb. 14: SPOC – Spiral Power of Change

2.7.4   Aus der Praxis: Der Workshop-Prozess

»SPOC«-Kultur – spirit, participation, orientation und closing

Spirit: Zu Beginn soll es Anregungen geben, einen gemeinsamen »Spirit« herzustellen, individuell anzukommen und sich achtsam aufeinander zuzubewegen. Eine klare Botschaft kommt von dem/der Auftraggeber:in, ggf. mit einer bildhaften Präsentation oder Rede und einer kurzen Begrüßungsrunde. Eine gemeinsame Visualisierung in heterogenen Tandems oder Triaden kann diesen »Spirit« anregen. Fragen nach Rollen, Funktionen, Learnings und Werten bringen die Teilnehmenden ins Gespräch.

Participation: Es geht um frühzeitige Einbindung und Aktivierung der Teilnehmenden in heterogenen Kleingruppen, die sich mit der aktuellen Wahrnehmung von außen auf ihre Aufgabe/Rolle/Funktion in der jeweiligen Organisationseinheit befassen. Wechselnde Zusammensetzungen verbinden individuelle Einstellungen miteinander, die Teilnehmenden lernen sich inhaltlich besser kennen und erfahren auch, wo sie im Widerspruch oder in Kritik zu Themen stehen. Wichtig ist die gemeinsame Reflexion oder Retrospektive zur Auswertung der Ergebnisse im Plenum, um das Wissen aus allen Gruppen zu teilen.

Orientation: Je nach grundlegender Themenstellung steht Orientation für die Ausrichtung der vielen Ideen und Themen auf eine gemeinsame Zukunftsgestaltung, ein verbindendes Bild oder eine neue Prozessdarstellung mit Hilfe verschiedener Materialien als Ausdruck agiler Zusammenarbeit. Kreative Kommunikation und Bewegung stehen im Vordergrund.

Closing: Es wird verbindlich festgehalten, welche Aufgaben, Rollen und Funktionen bearbeitet, identifiziert und verändert werden müssen, wie dieser Prozess gestaltet wird (Steuerungsteam, Projektteams/-tandems, nächste Aktivitäten etc.) und wie die gemeinsame Ausrichtung kommuniziert werden soll. Das abschließende Ziel ist die klare Verteilung von Zuständigkeiten und Meilensteinen. Eine emotionale Abschlussrunde dient dazu, die gemeinsamen Vorhaben auch stimmungsmäßig in die nächste Arbeitsperiode zu transferieren.

Hands Up, haltet zusammen und vertraue auf deine Kolleg:innen und Mitarbeiter:innen, schaue weiter über den Tellerrand und bleibe mutig und neugierig!

2.8   New Work als Schlüssel zur Entkopplung des Menschen von der klassischen Lohnarbeit

Sinisa Jovanovic

Die Erfüllung der New-Work-Welt, die sich Frithjof Bergmann ausgemalt hat, war vermutlich nie näher als heutzutage. Bergmann ist bereits in den 1970ern zu der Erkenntnis gekommen, dass das klassische kapitalismusgeprägte »Job-System« ausgedient hat und Stück für Stück ersetzt wird. Seiner Ansicht nach muss sich der Mensch von der Lohnarbeit lösen, um freier und selbstbestimmter zu sein. Sein Gegenmodell zur gelebten Lohnarbeit wurde als New-Work-Bewegung bekannt. Kernpunkte des New Work sind Freiheit, Selbstständigkeit und gemeinschaftliches Denken. Bergmann zufolge soll man nur noch die Arbeit machen, die man auch wirklich will.

Was ist nun aber die vierte industrielle Revolution und was hat sie mit der New-Work-Bewegung zu tun? Inwiefern verändert sich unsere Zukunft und warum wird die Revolution auf lange Sicht sogar gut für uns als Gesellschaft sein?

Derzeit findet eine rasante Veränderung unserer Welt statt. Durch den Generationenkonflikt, die zunehmende Digitalisierung und Automatisierung findet ein Umdenken auf allen Ebenen statt. Insbesondere den Träumern der Generation Y und Z wird nachgesagt, alles zu hinterfragen sowie ungeduldig und wählerisch zu sein. Maslows Bedürfnispyramide vor Augen verfolgen sie Selbstverwirklichung als ein Lebensziel und betrachten die Arbeit nicht mehr als einzigen Lebensmittelpunkt. Ja, junge Menschen haben heute eine andere Erwartungshaltung an ihr Leben und ihren Arbeitgeber, als es früher der Fall war. Die Generationen Y und Z wollen Autonomie, Weiterentwicklung und Kommunikation auf Augenhöhe, aber vor allem auch ein Leben im Hier und Jetzt. Die Aussicht der vorigen Generationen, nur nach Sicherheit und Geld zu streben, Burn-outs zu erleiden, ihr Leben für später aufzusparen und Dinge aufzuschieben, die später nicht mehr nachzuholen sind, ist für die meisten nicht mehr attraktiv.

Ein Beleg für diese Entwicklung ist, dass immer weniger junge Menschen eine Führungsposition im mittleren Management als erstrebenswert ansehen. Vielmehr verspürt man den Drang, gestalterisch und kreativ zu sein.

Immer mehr Unternehmen wollen dem Wunsch nach mehr Selbstbestimmtheit und Flexibilität gerecht werden. Die meisten der heutigen New-Work-Bewegungen in Unternehmen richten sich allerdings nur danach, Prozesse und Strukturen zu verändern. Kulturelle Aspekte, welche dafür sorgen, dass man sich als Mitarbeiter:in mit dem Unternehmen identifizieren, sich selbst verwirklichen und Leben und Job verbinden kann, kommen meist zu kurz.

Durch die fortschreitende Automatisierung in allen Wirtschaftsbereichen werden weitere Entwicklungen und Veränderungen auf uns zukommen. Was derzeit passiert, ist nichts Geringeres als die Vorbereitung zur Entkopplung des Menschen von der klassischen Lohnarbeit. Über kurz oder lang wird es ein bedingungsloses Grundeinkommen für alle geben, um sicherzustellen, dass die Kaufkraft der Menschen intakt bleibt. Das bedingungslose Grundeinkommen (BGE) ist ein Konzept, nach dem jede(r) Bürger:in ein gesetzlich festgelegtes und gleiches Einkommen erhält, ohne dafür eine Gegenleistung erbringen zu müssen. Phantasie? Utopie? Nein – viel mehr eine nicht mehr aufzuhaltende Entwicklung.

Die Notwendigkeit des bedingungslosen Grundeinkommens hängt, wie zuvor erwähnt, vor allem an der vierten industriellen Revolution mit der fortschreitenden Digitalisierung, Vernetzung und Automatisierung der Produktionsindustrie. Die Wirtschaft war immer schon der Motor der Veränderung und Fortschritt wurde nie auf demokratischer Ebene entschieden, sondern von kommerziellen Unternehmen vorangetrieben. Unternehmen wie Google, Amazon, Apple, Facebook und Microsoft sind durch den Datenhandel zu digitalen Supermächten geworden. Datenhandel aus Sicht des Silicon Valley ist allerdings nur lukrativ, wenn der- oder diejenige, dem sie personalisierte Werbung zuschalten, auch die nötige Kaufkraft besitzt, um die Produkte zu erwerben. Produzierende Unternehmen sind dank der Analysen der individuellen Nutzervorlieben zunehmend auf die Informationsgiganten angewiesen.

Den potenziellen Endkonsumenten jederzeit indirekt über Social-Media-Plattformen erreichen zu können, ist für diese Firmen von unvorstellbarem Wert.

Was hat das alles aber mit unserer zukünftigen Arbeit zu tun? Eine Menge! Schätzungsweise 40 % aller Jobs werden in den nächsten 30 Jahren durch Roboterautomatisierung ersetzt oder zu einem erheblichen Anteil technologisch unterstützt werden. Gerade mittelständige Dienstleistungsunternehmen sind jetzt schon betroffen. Man denke nur an die Notwendigkeit einer Banküberweisung. Wo wir vor einigen Jahren noch gezwungen waren, in eine Bank zu gehen, um am Schalter eine Überweisung zu tätigen, können wir heute bequem von der Couch aus alle Transaktionen tätigen. Dem Internet sei Dank. Zur Folge hat das natürlich, dass immer mehr Banken, Versicherungen etc. schließen und so die Fachkräfte ihren Job verlieren.

Ein weiteres gesellschaftlich wichtiges Beispiel ist die Automobilindustrie. Das Auto als Statussymbol wird es in Zukunft nicht mehr geben. Wieso? Weil wir keine Autos mehr besitzen werden. »Niemals!« magst du dir jetzt denken. Dann frag dich mal, ob es vor 20 Jahren für dich vorstellbar gewesen wäre, Millionen Songs, Filme, Bücher und Serien stets in deiner Hosentasche dabei zu haben. Ebenso wenig hätte vor 150 Jahren jemand daran geglaubt, dass die Kutsche als Fortbewegungsmittel zu ersetzen sei. Wann genau, kann niemand sagen, aber nehmen wir mal 30 Jahre an. In 30 Jahren wird niemand mehr ein Auto besitzen, weil nur noch selbstfahrende Autos in den Städten erlaubt sein werden. Diese Entwicklung ist unaufhaltbar. Per App bestellen wir uns einen Wagen und der fährt uns vollautomatisch zu unserer Destination. Parkplätze werden umfunktioniert zu Grünanlagen und laute Verkehrsgegenden werden zu sicheren und ruhigen Transportnetzen. Der Zugewinn an Komfort hat in der Geschichte der Menschheit aber auch immer seine Opfer gefordert. In diesem Beispiel den Großteil der Automobil- und Taxiindustrie und damit verbunden allein in Deutschland über zwei Millionen Arbeitsplätze.

Wenn nun aber in den nächsten Jahren eine erhebliche Anzahl an Berufen automatisiert werden und damit die Jobs wegfallen, geht die Rechnung mit dem Datenhandel nicht mehr auf.

Denn die Informationen einer kaufkräftigen Person sind schließlich wertvoller als die einer armen. Im Umkehrschluss bedeutet dies, dass niemand daran interessiert ist, eine wachsende Armut und Arbeitslosigkeit zu sehen. Die gesamte Datenökonomie und damit auch die Vormachtstellung der digitalen Supermächte funktioniert nicht mehr, wenn zu viele Menschen durch die Automatisierung ihren Job verlieren und es keine Alternative gibt. Die Antwort: Das bedingungslose Grundeinkommen!

Die grundsätzliche Argumentation für ein BGE kommt aus zwei Richtungen: einer humanistischen und einer ökonomischen. Die humanistischen Vorteile werden darin gesehen, dass das Grundeinkommen jedem Menschen ermöglicht, ein selbstbestimmtes menschenwürdiges Leben zu führen, in dem alle die Möglichkeit haben sich selbst zu verwirklichen, auch mit Tätigkeiten, die heute nicht oder nur unzureichend entlohnt werden. Beispielsweise gesellschaftlich relevante Tätigkeiten wie die Kindererziehung oder die Betreuung nicht selbstständiger Menschen.

Des Weiteren würde das Grundeinkommen dazu führen, die soziale Sicherheit zu erhöhen und gesellschaftliche Ausgrenzung zu reduzieren. Man hätte die Freiheit, alternative Lebenspläne einzuschlagen, sich politisch oder sozial zu engagieren, risikobereiter ein eigenes Unternehmen zu gründen oder Bildungsphasen einzulegen. Durch die grundlegende Absicherung ist zudem davon auszugehen, dass psychische Krankheiten abnehmen würden, weil sich existenzielle Sorgen und der Stress, ungeliebten Jobs nachzugehen, reduzieren würden.

Die Reduzierung »unnötiger« Jobs und die Förderung sinnstiftender Arbeit und sozialen Engagements gilt ebenfalls als Argument für das Grundeinkommen. Wenn gesellschaftlich relevante Berufe wie Pflegekräfte oder das Personal in der Müllentsorgung nicht mehr darauf angewiesen sind, diese Arbeit auszuführen, dann müssten diese zwangsläufig besser entlohnt werden.

Aus ökonomischer Sicht wird argumentiert, dass aufgrund der Altersstruktur bereits mehr als die Hälfte der Bevölkerung von Sozialleistungen oder dem Einkommen anderer abhängig sei. Der Bedarf an Arbeitsplätzen wird durch den zunehmenden technologischen Fortschritt (wie bereits beschrieben) immer weiter sinken. Daher wird es ohnehin eine zukunftsfähige Lösung brauchen.

Durch Einführung des Grundeinkommens könnten die gewonnenen ökonomischen Freiheiten der Bürger dazu führen, dass aufgrund der erhöhten Risikobereitschaft (Arbeitskräfte sind nun wählerischer) der Unternehmergeist und damit die Innovationen im Land und in der Gesellschaft gefördert werden würden.

Kritiker hingegen sehen das bedingungslose Grundeinkommen als ein Freifahrtschein für Faulheit und befürchten, dass ein Großteil der Menschen aufhören würde zu arbeiten und die Umsetzung des BGE der Wirtschaft mehr schaden als nützen würde.

Vorreiter des BGE in Europa sind, wie so oft, die Skandinavier. Im Juni 2015 wurde festgelegt, dass Finnland als erstes Land der Welt ein (teilweise bedingtes) Grundeinkommen testen würde. Es herrschte ein breiter Konsens, dass das Experiment eine gute Idee sei. Anders als geplant fiel der Test deutlich kleiner aus als zu Beginn geplant: Statt 10.000 Testteilnehmern umfasste das Programm letztendlich nur 2.000 Personen. Noch dazu waren alle Teilnehmer:innen arbeitslos; ursprünglich sollten auch Angestellte mitmachen. Im Ergebnis war es schwierig, klare Effekte auszumachen. Trotz oder gerade wegen der unzureichenden Erkenntnisse des ersten Tests will Finnland in den nächsten Jahren weitere Versuche durchführen.

In vielen weiteren Ländern werden ebenfalls Pilotprojekte zum BGE getestet. In den USA bspw. wird seit Februar 2019 in Stockton ein Experiment namens »Stockton Economic Empowerment Demonstration« (SEED) durchgeführt. Hierbei erhalten 125 zufällig ausgewählte Bürger eineinhalb Jahre lang jeden Monat 500 $ zur freien Verfügung. Dabei werden das Verhalten der Teilnehmer:innen und mögliche psychologische Auswirkungen auf sie untersucht.

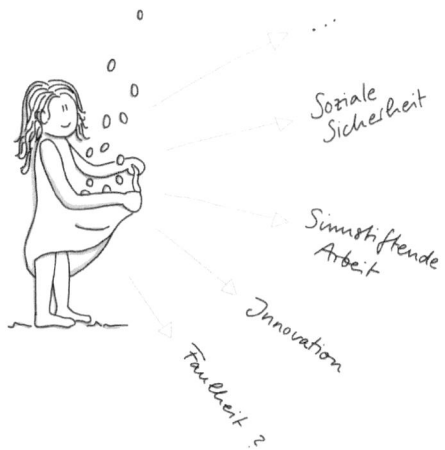

Abb. 15: Bedingungsloses Grundeinkommen

Auch hierzulande ist das bedingungslose Grundeinkommen Thema. Der Verein »Mein Grundeinkommen« startete am 18. August 2020 eine Langzeitstudie mit Namen »Pilotprojekt Grundeinkommen«. Etwa 120 Menschen aus verschiedensten strukturellen und regionalen Gegebenheiten sollen drei Jahre lang jeden Monat 1200 Euro erhalten. Soziolog:innen, Psycholog:innen und Verhaltensökonom:innen untersuchen dabei stets das Verhalten und das Wohlbefinden der Proband:innen. Damit am Ende keine falschen Rückschlüsse zum Grundeinkommen gezogen werden, wird parallel eine Gruppe von 1380 Personen auf die gleiche Weise begleitet, erhält aber kein monatliches Geld. Für das Projekt bewarben sich über zwei Millionen Menschen. Es wird vor allem das Verhalten der Teilnehmer auf dem Arbeitsmarkt beobachtet: Wie viele werden kündigen oder sich selbstständig machen? Werden viele die Arbeitszeit reduzieren oder häufiger den Job wechseln? Aber auch psychologische Auswirkungen sollen beleuchtet werden.

Unabhängig davon, in welchem Land die Untersuchungen laufen, ist jedoch klar, dass diese Tests auf viele Fragen keine Antworten liefern können. Beispielsweise können die Projekte keine Aussagen dazu liefern, was das BGE für Auswirkungen auf Mieten, Immobilienpreise, Ladenpreise und den Arbeitsmarkt hätte. Durch die zeitlich begrenzten Auszahlungen, welche nicht einem realen Szenario entsprechen, gehen Kritiker zudem davon aus, dass die Wenigsten riskantere Entscheidungen treffen, sondern vielmehr das Geld sparen oder einfach in Urlaube bwz. Anschaffungen investieren. So besteht die Gefahr, dass das Geld zu einem gefühlten Lottogewinn und nicht als Grundeinkommen wahrgenommen wird.

Diese und viele weitere Fragen können derzeit nur theoretisch betrachten werden. Vor allem können keine langfristigen Folgen ermittelt werden. Würde sich das Grundeinkommen bspw. auch auf die Bildung auswirken und darauf, was Kinder lernen und beruflich machen? Wenn man in einer Gesellschaft mit dem Bewusstsein aufwächst, dass man auf die Sicherheit des Grundeinkommens zurückgreifen kann, wäre es spannend zu beobachten, inwiefern sich die Karriereentscheidungen der nächsten Generationen verändern. Würden sie womöglich mutigere Entscheidungen treffen und Jobs wählen, die in unserem heutigen Arbeitszwang als zu riskant gelten? Vorboten, dass jüngere Generationen dazu neigen, frei und kreativ tätig sein zu wollen, sehen wir schon heute. Vor etwa zehn Jahren waren Berufe wie Influencer, Twitch Streamer, Blogger und YouTuber weitestgehend nicht existent. Viele fangen heute schon an, Dingen nachzugehen, die sie wirklich machen wollen. Dieser Trend wird sich weiter fortsetzen und mit dem bedingungslosen Grundeinkommen vermutlich exponentiell steigern.

Der Übergang zur Utopie wird allerdings keinesfalls leicht vonstattengehen. Menschen scheuen sich in der Regel vor dem unbekannten Neuen und versuchen, möglichst lange an alten Traditionen festzuhalten. Die Sorge, sich dem Gewohnten zu entfremden und sich von bekannten Werten, Statussymbolen und Glaubenssätzen trennen zu müssen, wird bei vielen Menschen Ängste auslösen.

Viele Menschen hinterfragen, was Arbeiten 4.0 konkret für sie bedeutet. Und genau hier kann aus meiner Sicht New Work ein elementarer Schlüssel sein, um bereits heute wichtige Weichen zu stellen. Wir erlernen schon heute die Tugenden, die es braucht, um künftig bestehen zu können. Frithjof Bergmanns Haltung und sein Wunsch nach einer Welt mit mehr Freiheit, Selbstständigkeit und gemeinschaftlichem Denken wird vielen ins neue Wertekorsett übergehen, die heute bereits im beruflichen Umfeld in einer New-Work-Kultur arbeiten. Die Bedürfnisse des Menschen und dessen Selbstverwirklichung werden zunehmend in unser Handeln miteinbezogen. Die erfolgreiche Umsetzung des Wandels wird aber auch ganz entscheidend ein Leadership-Thema sein. Die vorherrschenden Bedenken, etwa dass die Menschen mit bedingungslosem Grundeinkommen nicht mehr arbeiten würden, gehen von einem veralteten, streng hierarchischen Leadership-Verständnis aus. In einer Welt, in der es keinen Arbeitszwang mehr gibt und die Menschen freier über ihre Zukunft entscheiden können, bedarf es jedoch einer anderen Definition von Führung. Als Gesellschaft wie auch als Führungskraft werden wir neue, kreative Lösungen und ein Umdenken auf allen Ebenen benötigen. Die Haltung und die Glaubenssätze, die New Work an die aktuelle und nächste Generation vererben wird, werden uns aber auch bei den gesellschaftlichen Fragen und Herausforderungen im Umgang mit der vierten industriellen Revolution helfen.

Nicht zuletzt erhalten wir die Chance, eine bessere Welt zu gestalten, in der wir Arbeit und Leben, nach der Vorstellung Bergmanns, als etwas Freies und Selbstverwirklichendes verstehen.

2.9 Bleib dir treu, also verändere dich

Über quäntchen + glück und eine Begegnung mit Philipp Hormel

Bleib dir treu, verändere dich … das ist meine Inspiration aus dem Gespräch mit Philipp Hormel von quäntchen + glück. Die kleine Innovationsberatung kennen einige womöglich aus meinem Buch »Agil geht anders«. Damals habe ich deren Methode, sich gegenseitig Feedback zu geben, als »Speedback« beschrieben. Und wie bei jeder guten Reise ging auch deren Weg weiter, sie haben weitere Erlebnisse gesammelt und sind mal wieder aus sich herausgewachsen.

Schon zu Angang des Gesprächs wird eines schnell klar: Was sie ihren Kund:innen »verkaufen«, leben sie auch. Sie arbeiten mit den 15 Kolleg:innen an ihrem Betriebssystem. Sie lernen aus sich selbst und geben das Wissen an ihre Kund:innen weiter. Sehr sympathisch! Wie oft wird man beraten, hat ganz viele strategische Bullet Points, natürlich *high-level,* versteht sich, aber wie das dann in der Praxis gelingen soll: Fehlanzeige.

Bei quäntchen + glück wird andererseits schnell deutlich, dass deren Entwicklung nun mal zu *deren* Unternehmen passt. Ob der Schontag auch in einem anderen Unternehmen Sinn macht? Vielleicht. Aber ist das wichtig? Nein. Denn jeder muss *seine* New-Work-Story schreiben. Wir schreiben aber erstmal die von quäntchen + glück auf. Als Inspiration für neue Geschichten rund um New Work.

Aber was hat es eigentlich mit dem Schontag auf sich? Die Kolleg:innen von q+g treffen sich jeden Montag unter sich. Am Schontag. Kein Kundengeschäft. Verrückt, oder? Sie besinnen sich auf ihre innere Stärke, erst die kann auch für den Kunden wirken. So haben sie interne Barcamps, lassen Kolleg:innen etwas vortragen, wenn es zum Unternehmenserfolg beiträgt und hinterfragen sich. Einmal waren OKR (Objectives and Key Results) das Thema. Schnell war klar, dass sie das »doof« finden. Ich fragte daraufhin, aber ihr braucht doch Ziele? Darauf meinte Phil nur, das sei so in deren Unternehmenskultur verankert, dass jeder Einzelne all das, was er gerne macht, auch umsetzt. Ohne Kontrolle oder Messen. Es wird einfach gemacht.

Es gibt aber womöglich einen weiteren Grund für das Verschmähen von OKR: Die Kolleg:innen genießen durch und durch das Vertrauen der fünf Gesellschafter. Das zeigte sich auch, als es um New Pay ging, und hat sicherlich einen großen Einfluss darauf, warum alle Kolleg:innen so motiviert an die Sache gehen:

Bei q+g bekommt jede(r) Mitarbeitende das gleiche Gehalt!

In einer Arbeitsgruppe von fünf Kolleg:innen, soziokratisch organisiert selbstverständlich, überlegten alle, was eine faire Gehaltstruktur wäre. Ihnen war wichtig, sich nicht den Marktbedingungen hinzugeben. Warum soll ein Informatiker mehr verdienen als die Sekretärin? Ist denn ein Job minderwertiger? Sie hinterfragten, ob Eltern mehr bekommen sollten und ob es einen Unterschied macht, in der Stadt oder auf dem Land zu wohnen. Das Fazit: Jeder hat seine Befindlichkeiten. Also werden alle gleich behandelt: mit dem Einheitsgehalt.

Der Effekt? Keine Ellenbogen, es geht um Expertise. Nicht darum, wer die nächste Beförderung bekommt oder mehr Gehalt. Wenn das Unternehmen gut wirtschaftet, kriegen einfach alle mehr. Und inhaltlich ist jeder gefordert, das zu leisten, was er kann oder möchte.

Eine Firma ganz ohne Machtkämpfe. Kaum vorzustellen. Aber wahr. Ob das Modell so bleibt? Phil meinte nur: »Bis wir halt was Besseres finden«.

Das traue ich ihnen komplett zu, denn seit dem letzten Gespräch vor zwei Jahren haben sie auch ihr Speedback weiterentwickelt. Jetzt gibt es noch ein Deepback – für kritische Themen oder wenn einfach Redebedarf ist. Eine Matrix bildet das ganz transparent ab. Dazu ein anderes Mal mehr.

Jetzt widmen wir uns dem Einheitsgehalt von q+g, wobei uns ein »quäntchen« persönlich über den Prozess berichtet. Spannend dabei sind die Berührungspunkte zu Sinisa Jovanovics Gedanken zur künftigen Rolle von Lohn und Einkommen. Es zeigt sich, dass erste Ideen dazu in Unternehmen bereits gelebt werden. Ein Modell lesen wir nun hier.

2.10   Das Einheitsgehalt

Philipp Hormel von quäntchen + glück

In den Jahren 2017 und 2018 haben wir bei quäntchen + glück gemeinsam mit allen Mitarbeiter:innen und Gesellschafter:innen ein »Manifest für Moneten« und ein Gehaltssystem erarbeitet, das unter vielen Alternativen für uns das Fairste ist, das wir jemals hatten. Subjektiv betrachtet.

Ausgangspunkt unseres Veränderungsprozesses war ein Gehaltssystem mit Basisgehalt plus persönlichem Bonus (natürlich inklusive bezahlten Überstunden, betrieblicher Altersvorsorge, Urlaubs-Flatrate etc.).

Obwohl sich unser altes System nicht sonderlich kompliziert und im ersten Moment auch fair anhört, haben wir uns damit schwergetan. Und wenn wir ehrlich sind: Niemals hatten alle Personen im Team das System wirklich verstanden. Wie mag das dann erst bei komplizierten Systemen sein? Für uns war das also zusätzlich ein Antrieb. Wir wollten uns ein System erschaffen, das einfach zu erklären und zu verstehen ist.

Wie genau der Bonus im alten System vergeben wurde, war intransparent und nicht nachvollziehbar. Es war ein Konstrukt, das so überhaupt nicht in unsere quäntchen-Kultur gepasst hatte. Denn diese ist an ganz vielen Stellen geprägt durch Offenheit und Transparenz.

Inspiriert von soziokratischen Entscheidungsprozessen haben wir 2017 begonnen, unser bis dato bestehendes System zu hinterfragen. Und zwar alle zusammen. Denn es ist wichtig, erstmal ein gemeinsames Verständnis davon zu bekommen und transparent zu machen, welche Vorstellungen über Gehalt es unter uns quäntchen überhaupt gibt. Gestartet sind wir mit Umfragen und gemeinsamen Workshops, mit deren Hilfe wir uns einem Verständnis für das Thema angenähert haben.

Im weiteren Verlauf hat uns dabei geholfen, dass wir eine eigene Arbeitsgruppe – bestehend aus Mitarbeiter:innen und Gesellschafter:innen – und unser quollektiv gegründet haben.

Und hier wird's politisch. Das quollektiv ist das Entscheidungsorgan aller quäntchen. Bei wichtigen Fragen, die alle angehen (Gehaltssystem, Fortbildungssystem etc.) setzen wir auf Konsent[4] statt Konsens und Soziokratie statt Demokratie. **Anstelle von langen Debatten in großer Runde bereiten wir in kleinen Arbeitsgruppen Entscheidungen vor.** Die brauchen im quollektiv dann keine Mehrheit, sondern lediglich *kein Veto*.

In diesem quollektiv haben wir unter anderem über zwei wichtige Erkenntnisse der Arbeitsgruppe Gehalt abgestimmt und diese dann in unser Manifest aufgenommen. Sie bilden für uns die Grundlage unseres Gehaltssystems.

1. »Wir werden niemals ein perfektes und für alle gleichermaßen faires Gehaltssystem haben. Was wir haben wollen, sind Prinzipien, die uns orientieren – als Ausgestalter des Gehaltssystems, als Mitarbeiter:in, als Bewerber:in. Die Entwicklung der Prinzipien der quäntchen+glück-Lohngerechtigkeit sehen wir als zentrale Aufgabe der AG Gehalt.«
2. »Wir quäntchen sind uns bewusst: Fairness ist immer subjektiv. Und weil ein Gefühl der Unfairness wissenschaftlich erwiesenermaßen zu sinkender Leistungsbereitschaft, weniger Schlaf, Frustration und im schlimmsten Fall zur Kündigung führt, wollen wir regelmäßig zuhören, ob das Gehaltssystem im Allgemeinen und das eigene Gehalt im Speziellen noch als fair empfunden wird.«

Aber machen wir es an dieser Stelle doch konkret und betrachten schon mal das Ergebnis unseres Prozesses! Das fairste Gehaltssystem, das wir jemals hatten, bezeichnen wir bei quäntchen + glück als Einheitsgehalt und dieses umfasst im Detail diese vier Punkte:

- Alle bekommen (basierend auf ihrer Anzahl der Wochenstunden) das gleiche Gehalt.
- Mitarbeiter:innen, die sich noch in der Ausbildung befinden (Student:innen, Praktikant:innen, Berufseinsteiger:innen), können 1,5 Jahre lang ein niedrigeres Gehalt bekommen, solange die Arbeit einen Ausbildungscharakter hat.
- Wir haben eine Urlaubs-Flatrate. Jede:r Mitarbeiter:in darf so viel Urlaub nehmen, wie sie oder er braucht.
- Alle Überstunden müssen zeitnah abgebaut werden oder werden ausbezahlt.

---

4   Konsent bedeutet, kurz gesagt: Die Entscheidung wird getroffen, wenn nichts mehr dagegen spricht.

Sieht ganz einfach aus, so ein Einheitsgehalt. Drin steckt aber ganz viel Arbeit, die es uns ermöglicht, an uns selbst und unserer Unternehmenskultur zu arbeiten – sowohl direkt als auch indirekt. Damit können wir einem Teil des Gender-Pay-Gap entgegenwirken. Es gibt keine Bevorzugung von Personen, die sich besonders gut verkaufen können oder einfach nur penetrant mehr Gehalt einfordern. **Insbesondere ermöglicht das Modell uns, eine transparente und offene Unternehmenskultur zu leben, die einen Austausch und das Agieren auf Augenhöhe ermöglicht**. Die Wertschätzung für die Arbeit der Kolleg:innen steigt. Niemand muss sich für sein Gehalt rechtfertigen.

Ein detaillierter Blick auf unser Gehaltssystem

Die vorher erwähnten Erkenntnisse ergaben sich vor allem aus der Betrachtung der acht Prinzipien der Lohngerechtigkeit von Elisabeth Göbel (»Unternehmensethik«, 2017). Diese sind:

- Anforderungsgerechtigkeit
- Leistungsgerechtigkeit
- Marktgerechtigkeit
- Bedarfsgerechtigkeit
- Sozialgerechtigkeit
- Erfolgsgerechtigkeit
- Verteilungsgerechtigkeit
- Qualifikationsgerechtigkeit

Unsere einzelnen Standpunkte zu diesen Punkten legen wir in unserem Manifest dar. Dabei haben wir an einigen Stellen bewusst eine andere Position entwickelt oder unsere eigenen Definitionen erschaffen. Sehr gut sichtbar wird das beim Punkt Marktgerechtigkeit. Dazu in unserem Manifest:

»Dem Prinzip der Lohngerechtigkeit, Marktgerechtigkeit wollen wir als quäntchen + glück bewusst nicht gerecht werden. Wir sind uns bewusst, dass Arbeit und Arbeitsstellen am Markt unterschiedlich bewertet werden. Wir sind uns aber auch bewusst, dass wir beim Wert der Menschen keinen Unterschied machen wollen. Diese Haltung ist uns langfristig mehr wert als kurzfristige Gewinne.«

Das hat es zum Beispiel in der Vergangenheit schwierig gemacht, Programmierer:innen zu finden. Auf lange Sicht glauben wir jedoch, dass es für das Teamgefüge besser ist, dass es keine großen Gehaltsunterschiede zwischen den Mitarbeiter:innen und Gesellschafter:innen gibt.

Wir setzen der Qualifikationsgerechtigkeit, die in vielen Gehaltssystem etwa so beschrieben werden könnte: »Als gerecht gilt, Personen mit höherer Qualifikation auch ein höheres Entgelt zu zahlen«, ein Recht auf Qualifikation entgegen. In einem Unternehmen, in dem eine diplomierte Soziologin das Office-Management vorantreibt und ein Programmierer eigentlich studierter Online-Journalist ist, wird schnell klar, **dass erlernte Qualifikation nicht immer mit der Tätigkeit und dem Wert der Arbeit übereinstimmt.**

Für uns viel wichtiger: Wie kann das Unternehmen dabei helfen, die eigenen Stärken und Interessen auszuspielen? So wurde in der Vergangenheit z. B. aus einer Office-Managerin eine Programmiererin – in vielen anderen Unternehmen mit starren Strukturen und (Gehalts)systemen sicherlich nicht denkbar. Um dies weiter zu fördern, haben wir uns ein internes Format namens **»quäntchensprung«** ausgedacht, **in dem wir andere Kolleg:innen bei deren Weiterentwicklung beraten und begleiten.**

Ein weiterer Punkt, den wir uns als Team genauer angeschaut haben: Wie möchten wir der »Bedarfsgerechtigkeit« begegnen? Und daraus abgeleitet: »Wie solidarisch muss ein Gehaltssystem für uns sein?«.

Angeschaut hatten wir uns dazu z. B. Gehaltssysteme, in denen es Familienzuschläge für Kinder gibt, und uns gefragt, wo ein Solidarsystem anfangen und enden könnte. Keine leichte Aufgabe für eine Firma, die an vielen Stellen schon sehr familienfreundlich agiert. In langen Beratungen und Abwägungen, die teilweise auch sehr emotional geführt wurden, konnten wir jedoch soziokratisch entscheiden: **Der Bedarfsgerechtigkeit begegnen wir am fairsten mit unserem Einheitsgehalt.**

Ein Punkt war am Ende der Diskussion sehr wichtig: Warum sollten wir z. B. nur die eigenen Kinder und nicht auch andere Bedarfe wie doppelter Haushalt, Pflege von Angehörigen oder Tieren, höhere Lebenshaltungskosten etc. als Bedarf ansehen? Wenn wir das täten, käme wir bei näherer Betrachtung dazu, dass fast alle Mitarbeiter:innen und Gesellschafter:innen einen Anspruch darauf hätten. Ein Punkt mehr, am Einheitsgehalt festzuhalten und keine Ausnahmen zu definieren.

Unser Gehaltssystem verzichtet zusätzlich auf persönliche Boni, da diese aus unserer Sicht falsche Anreize setzen. Eine Anekdote aus der quäntchen-Historie zeigt, dass selbst die kleinsten Anreize auf persönliche Vorteile dazu führen, dass man persönlich nicht mehr das Wohl der Firma, sondern das eigene in den Mittelpunkt stellt. So lobte Jan einmal den Gewinn einer Eiscreme für das quäntchen aus, welches zuerst eine gewisse Summe an Neukund:innen bis zum Jahresende akquiriert hätte. Und schwupps, schaute man bei der Bearbeitung der Kundenanfragen nur noch auf seine Akquise-Tätigkeiten und nicht darauf, dass z. B. die Unterstützung einer Kolleg:in zu einem viel größeren Erfolg führen könnte.

Nach einem langen Prozess (der auch heute noch weiter vorangetrieben wird) und der konkreten Einführung des Einheitsgehalts haben wir im Zuge eines Vortrags noch mal allen quäntchen die Möglichkeit gegeben, auszudrücken, wie sie zum aktuellen Gehaltssystem stehen.

Die Reaktionen der quäntchen zeigen, was für sie gut funktioniert:
- »Wir ziehen durch unser System Menschen mit Haltung an.«
- »Ich mag unser Menschenbild – jeder trägt seinen Teil dazu bei, dass wir als Firma funktionieren, deshalb bekommen auch alle gleich viel.«
- »Ich mag, dass nicht die lauten Leute mehr Kohle bekommen.«

Unser Fazit der letzten vier Jahre: Es hat sich gelohnt! Das Gehaltssystem, das übrigens ohne Veto angenommen wurde, funktioniert für uns an ganz vielen Stellen hervorragend. Vor allem ermöglicht es viel Kultur- und Zusammenarbeit, die ansonsten nicht möglich wäre.

Was aber auch bleibt: Der Weg dorthin ist ein niemals abgeschlossener Prozess. Tagtäglich muss sich unser System beweisen und kann natürlich irgendwann durch ein besseres abgelöst werden.

2.11   Was hat Musik mit Agilität zu tun?

Matthias Orgler

Intro
Warum scheitern so viele agile Transformationen? Und warum erreichen so viele Unternehmen trotz SAFe (Scaled Agile Framework), Scrum und Kanban nicht die von der Agilität versprochenen Performance-Gewinne?

Ich möchte einen Gedanken anstoßen, der durch eine veränderte Perspektive bei der Lösung dieser Fragen helfen kann. Dazu verlassen wir kurz die knallharte Businesswelt und tauchen ein in die Welt der Musik.

GESCHICHTE VON WILLY UND LENNY

Willy und Lenny waren Zwillinge, die beide erfolgreiche Musiker werden wollten. Beide zeigten Talent und bekamen zu ihrem vierzehnten Geburtstag je eine alte Gitarre geschenkt.

Willy war der etwas Korpulentere von beiden und beschäftigte sich viel mit seiner Gitarre. Er nahm sie regelmäßig mit in den Park und spielte vor Freunden. Manche seiner Songs kamen gut an, andere gar nicht – und manchmal kam ein und derselbe Song an einem Tag gut und am nächsten schlecht an. Es war schwer herauszufinden, woran das lag – keiner konnte ihm eine einfache Antwort geben. Doch das machte Willy nichts aus. Mit der Zeit entwickelte er ein Gespür dafür, welche Musik gut ankam.

Der schlanke Zwillingsbruder Lenny beschäftigte sich auch viel mit seiner Gitarre. Er kaufte alle Bücher über Gitarrentechnik und verschlang sie. Er ersetzte außerdem bald seine alte, scheppernde Gitarre durch eine professionellere mit voluminöserem Klang. Bald wusste er mehr über das Gitarrenspiel als Willy und hatte einen um Klassen besseren Sound. Statt sich mit wenig standardisierten und schwammigen Fragen wie »wie kommt Musik gut an?« zu beschäftigen, hielt sich Lenny an etablierte Spieltechniken aus anerkannten Lehrbüchern und an großartig klingende Gitarren zertifizierter Markenhersteller.

Viele Jahre später sitzt Lenny in seinem Büro und speichert gerade die letzte Excel-Tabelle ab. Er freut sich auf den Feierabend und seine Gitarren zu Hause, denn er ist noch immer ein passionierte Hobbygitarrist mit stattlicher Gitarrensammlung. Sein Traum von der erfolgreichen Musikkarriere hat sich allerdings nie erfüllt. Zur gleichen Zeit jubeln tausende Fans in der größten Konzerthalle der Stadt ihrem Idol zu: Auf der Bühne steht Lennys Zwillingsbruder Willy und stimmt gerade seinen neuesten Hit an! Noch immer beherrscht Willy nur eine Handvoll Akkorde, aber seine Songs gehen Menschen weltweit unter die Haut und spielen Millionen ein. Willy hat den Traum einer erfolgreichen Musikkarriere verwirklicht.

Was hat Musik mit Agilität zu tun?
Die Geschichte des erfolgreichen Musikers Willy und seines Zwillingsbruders Lenny kann uns viel über das Thema Agilität und agile Transformationen lehren. Sie beleuchtet unseren oft vorschnellen Fokus auf greifbare, standardisierte und leicht verfügbare Lösungen, um damit die Komplexität der wirklichen Lösung auszublenden.

Beide Musiker standen vor dem Problem, dass es für eine erfolgreiche Musikkarriere kein Patentrezept gibt. Kein Lehrbuch konnte eine klare Step-by-Step-Anleitung zum Schreiben erfolgreicher Songs geben. Während Willy diese Unsicherheit umarmte, vermied Lenny das schwierige Thema und fokussierte sich stattdessen auf standardisierte und verfügbare Lösungen.

Mit dem schwammigen Begriff der Agilität geht es uns ähnlich wie Willy und Lenny. Auch für eine erfolgreiche agile Transformation gibt es keinen Musterweg. Doch auch in der Agilität gibt es anerkannte und genau beschriebene Lösungen, auf die wir uns wie Lenny oft zu schnell zurückziehen möchten. Frameworks, Prozesse und Zertifizierungen sind unsere neuen Gitarren und Lehrbücher – verfügbar, standardisiert und sehr konkret. Am Ende sind es jedoch nicht sie, die über Erfolg oder Misserfolg entscheiden. Eine bessere Gitarre macht aus einem schlechten Musiker keinen guten – warum erwarten wir dann, dass allein die Implementierung eines Frameworks aus einem nicht-agilen Unternehmen auf einmal ein agiles macht?

Wir halten uns oft an Frameworks wie Scrum, SAFe oder Kanban, weil diese so schön konkret und greifbar sind. Aber sind wir damit nicht wie der Betrunkene im alten Witz, der seine verlorenen Schlüssel nachts unter der Straßenlaterne sucht, nur weil es dort heller ist? Sicher sind Frameworks wertvolle und hilfreiche Werkzeuge, aber sie machen eben allein noch keine Agilität. Wir müssen verstehen, was Agilität ausmacht, bevor wir diese Werkzeuge sinnvoll einsetzen können.

Es ist nicht leicht, den Fokus weg von Frameworks und Unternehmensorganisation und hin zu scheinbar schwammigen Aspekten wie Werten und Einstellungen zu verschieben. Die meisten Unternehmen haben Erfahrung mit der Veränderung der Unternehmensorganisation oder der Einführung neuer Prozesse – wir wissen, wie das geht. Für Frameworks gibt es Berater:innen, Zertifizierungen und Pläne. Sehr bequem.

Am Ende kann uns das aber nicht darüber hinwegtäuschen, dass dies *allein* noch kein einziges Unternehmen agiler gemacht hat. Doch was ist diese magische Zutat, die zu echter Agilität und in der Folge zu all den versprochenen Vorteilen führt? Was macht den Musiker zu einem erfolgreichen Star, wenn es nicht die neueste Gitarre ist? Ich möchte einen Denkanstoß geben.

Und was nun?

Wir müssen nicht resignieren, denn bestimmte Techniken und Denkweisen gibt es durchaus, um unsere Erfolgschancen bei der agilen Transformation zu steigern.

Einige dieser Erfolgsfaktoren durfte ich in meiner Arbeit vom Silicon Valley Startup bis zum deutschen Großkonzern kennenlernen. Auch ich sehe stets nur einen Ausschnitt der gesamten Wirklichkeit und bilde mir niemals ein, alle Erfolgsfaktoren zu kennen. Ich bin jedoch davon überzeugt, wenn wir unser Wissen zusammenlegen, steigern wir unsere Erfolgschancen.

Zunächst sollten wir technische Aspekte wie Frameworks und Prozesse als wertvolle Hilfsmittel, nicht jedoch als die Essenz von Agilität betrachten. »Über den Tellerrand« der Frameworks und Zertifikate zu schauen hebt uns bereits vom Gros der versuchten (und allzu oft gescheiterten) agilen Transformationen ab.

Viele Coaches reden vom richtigen »Mindset« und verweisen auf das agile Manifest – das ist zwar richtig, greift aber zu kurz. Was meinen wir denn konkret mit »Mindset«? Auch das agile Manifest listet lediglich einige Prinzipien, die in der Vergangenheit die Erfolgswahrscheinlichkeit eines Projekts erhöht haben. Das agile Manifest ist gut und wertvoll, fasst aber auch nicht die Essenz dessen, was wir für eine erfolgreiche agile Transformation brauchen.

Wenn wir über »Werte« reden, kommen wir der Sache schon näher. Häufig werden Werte wie »Mut«, »Offenheit« oder »Respekt« als besonders agil angeführt. Das trifft zwar zu, braucht dann aber noch konkrete Handlungsanweisungen: Wie sorgen wir für mehr Mut, Offenheit und Respekt?

Ein wichtiger und oft zu wenig beachteter Aspekt für ein agiles Unternehmen ist etwas, das in kaum einem agilen Framework auftaucht: das Menschenbild. Der Begriff »Menschenbild« erscheint zunächst noch schwammiger als Mindset oder Werte. Doch wir können ihn mit Leben füllen und schnell erkennen, welchen Einfluss das eine oder andere Menschenbild auf Agilität und damit auf den Unternehmenserfolg oder im Weiteren sogar auf unsere gesamte Gesellschaft hat.

Die Macht des Menschenbildes

Wir alle haben ein Bild von anderen Menschen. Dieses legt fest, wie wir das Verhalten der Menschen um uns herum einschätzen und interpretieren. Das Menschenbild bestimmt auch, wie wir auf andere Menschen reagieren und mit ihnen umgehen. Ein interessantes, psychologisches Phänomen ist nun, dass unser Bild von *anderen* Menschen oft sehr verschieden vom Bild von *uns selbst* ist.

Ein Beispiel: Erscheint eine Kollegin wiederholt spät zum Meeting, stufen die meisten Menschen sie als unzuverlässig ein und unterstellen mangelndes Engagement für den Job. Erscheinen wir selbst – aufgrund einer Großstörung des Bahnverkehrs oder weil wir gerade noch einem Kollegen geholfen haben – zu spät zum Meeting, attestieren wir uns dennoch großes Engagement für unseren Job. Wir deuten das gleiche Verhalten also komplett konträr. Dieses Phänomen wird »fundamentaler Attributionsfehler« genannt und ist nur allzu menschlich. Dabei schreiben wir das Fehlverhalten *anderer* eher dem Charakter der Person zu, während wir *eigenes* Fehlverhalten eher äußeren Umständen zuschreiben. Wichtig ist, sich dieses Attributionsfehlers bewusst zu sein und ihn reflektieren zu können. Wir alle haben von Natur aus ein unterschiedliches Bild von anderen als von uns selbst.

Abb. 16: Reflektierendes Menschenbild

Wenn wir nun davon ausgehen, dass wir jeden Menschen um uns herum auf diese Weise fehleinschätzen, so müssen wir logischerweise akzeptieren, dass wir das Verhalten anderer genau so einordnen und beurteilen sollten wie unser eigenes. Kommt die Kollegin also wiederholt zu spät zum Meeting, sollten wir ebenfalls unterstellen, sie handle in bester Absicht. Folgerichtig sollten wir sie nicht als unzuverlässig abstempeln, sondern fragen, wie wir ihr beim nächsten Mal helfen können. Wollten wir nicht selbst genau so behandelt werden?

Als der Hobbymusiker Lenny seine Band für jeden Fehler zur Kasse bat, unterstellte er ihnen mangelnde Fähigkeiten und Faulheit beim Üben. Sein Bruder Willy hingegen unterstellte seinen Bandkollegen nur beste Absichten und sah Fehler nicht als Ausdruck schlechter Charaktereigenschaften oder mangelnder Hingabe zur Band an. Beides hatte Folgen: Vielleicht hätte einer von Lennys Musikern gern einmal etwas Neues ausprobiert, das den Song aufgewertet hätte – doch wird er dies aus Angst vor Sanktionen nicht mehr versuchen. Willys Band hingegen bietet Platz für Innovation und Weiterentwicklung, weshalb dort langfristig die besseren Songs entstehen können.

Die Erkenntnis, dass wir zwei unterschiedliche Menschenbilder von uns und allen anderen Menschen haben, ist oft ein Schlüsselmoment. Sie führt zu einer neuen Beurteilung der Kolleg:innen und Mitarbeitenden. Allein diese neue Sicht kann zu stark verändertem Verhalten führen. Dieses neue Verhalten wiederum schafft ein Klima von mehr Anerkennung, Motivation, Vertrauen und Respekt. Und dies sind genau die Werte, die wir in agilen Unternehmen beobachten. Diese Werte wiederum führen zu besseren Arbeitsergebnissen und am Ende zu mehr Qualität, Performance und Kundenzufriedenheit.

Agilität kann also mit etwas Grundlegendem wie der Erkenntnis verschiedener Menschenbilder beginnen. Die Macht dieser Erkenntnis sollten wir nicht unterschätzen. Doch wie macht man Menschen bewusst, dass das Bild, das sie ihr Leben lang von anderen Menschen hatten, auf einmal nicht mehr stimmen soll?

Bei einigen Menschen reicht das bloße Verständnis der obigen Zeilen, um eine Verhaltensänderung auszulösen. Nach meiner Erfahrung trifft dies auf ca. 10 % der Menschen zu. Doch was hält den Rest davon ab, diese Erkenntnis zu akzeptieren? Sie können unzählige Beispiele benennen, in denen ihr bisheriges Menschenbild »richtig« war. Trotzdem werden sie um den Versuch einer Neubewertung nicht umhinkommen: Denn ohne ein reflektiertes Menschenbild und eine daraus resultierende fehlerfreundliche Kultur kann ein Framework zur Koordination kurzer Probier- und Korrigierzyklen nur wenig seiner Wirkung entfalten.

Ich möchte die Reflexion des Menschenbildes nicht als das Allheilmittel darstellen. Ich durfte aber erfahren, dass eine Fokussierung auf diesen Aspekt oft einen größeren Einfluss auf den Erfolg einer agilen Transformation hat als die Vermittlung eines agilen Frameworks.

Die Macht, die unser Menschenbild auf den Erfolg eines Unternehmens haben kann, wird u. a. in der X-Y-Theorie von Douglas McGregor beschrieben. Allzu leicht kann unser Bild von anderen Menschen zu einer selbsterfüllenden Prophezeiung werden: Behandeln wir Menschen als tendenziell unfähig, faul oder destruktiv, werden sie sich langfristig genau so verhalten; umgekehrt verhalten sich Menschen, die wir als motiviert, eigenverantwortlich und fähig behandeln, langfristig genau nach diesem Bild. In diesem Sinne muss das Menschenbild nicht der einzige wertvolle Aspekt einer agilen Transition, eines erfolgreichen Unternehmens und letztlich einer erfolgreichen Gesellschaft sein. Aber es ist ein guter Anfang!

2.12   Visualisierungen sind dein Schweizer Messer

Anja von Klitzing-Bantzhaff

Visualisierungen passen in ihrer Wirkungsweise hervorragend zur agilen Arbeit und ihren Werten. Ein paar Beispiele?

Wer ein agiles Mindset lebt, schätzt Transparenz, strebt nach Klarheit, stellt Menschen und Interaktionen vor Prozesse, hält Unfertiges aus und will schnell lernen. In diesem Mindset entfalten Visualisierungen eine enorme Wirkung, welche durch Worte allein kaum zu erreichen ist.

Visualisierungen laden zur Kommunikation ein, können sich im Dialog iterativ entwickeln und bringen eine gemeinsame Klärung voran. Bilder sind durch ihre hohe Informationsdichte ausgezeichnet geeignet, um komplexe Sachverhalte darzustellen, und fokussieren gleichzeitig durch ihre Vereinfachung auf das Wesentliche. Sie erweitern das geistige Potenzial, da sie mehrere Ebenen im Menschen ansprechen. Sie sind ausgesprochen praktisch und vielseitig – ein Tool wie ein Schweizer Messer in der agilen Praxis.

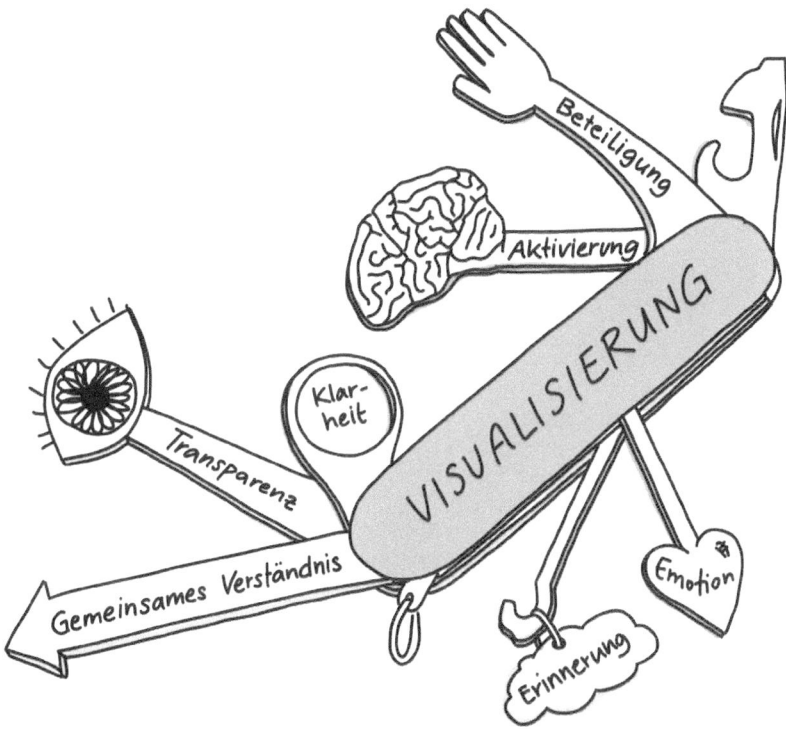

Abb. 17: Visualisierungen sind praktisch und vielseitig wie ein Schweizer Messer

Auf den nächsten Seiten lernst du die Wirkung von Visualisierungen kennen, mit Beispielen aus der Praxis. Mein Wunsch ist es, dich zu ermutigen, selbst Visualisierungen anzuwenden und dein Repertoire zu erweitern. Am Ende findest du Tipps, wie du anfangen kannst.

Seit zehn Jahren arbeite ich als Organisationsentwicklerin. Vor sieben Jahren fing ich an, als Graphic Recorderin das Geschehen in Workshops und Veranstaltungen vor Ort mit Wort und Bild zu begleiten. Zusammen ergibt das Visual Facilitation, Workshops mit visuellen Tools gestalten. Aus dieser Erfahrung heraus bin ich so überzeugt von der Kraft von Visualisierungen.

Ich benutze das Wort »Visualisierungen«, da »Bilder« zu kurz greift. Klar sind Bilder damit gemeint, aber auch andere Formen von sichtbarer Darstellung: eine Mind-Map aus Post-Its, eine mit Symbolen angereicherte Mitschrift auf dem Whiteboard oder die Auswertung einer Offenheitsabfrage mit einer Punkteskala. Das Gute ist: Alle Formen von Visualisierung wirken. Sie machen sichtbar.

2.12.1 Visualisierungen erzeugen Transparenz

Für die Transparenz ist es ausgesprochen hilfreich, Dinge auch wirklich sichtbar zu machen (vgl. lat. pārēre: sichtbar sein, sich zeigen). Das funktioniert z. B. auf einem Kanban-Board. Die strukturierte Darstellung (Offene Aufgaben | In Arbeit | Fertig) macht den Umfang der Aufgaben und ihren Status auf einen Blick erfassbar. Es herrscht Transparenz, wer an was arbeitet. Doppelte Bearbeitungen oder übersehene Aufgaben werden schneller erkannt.

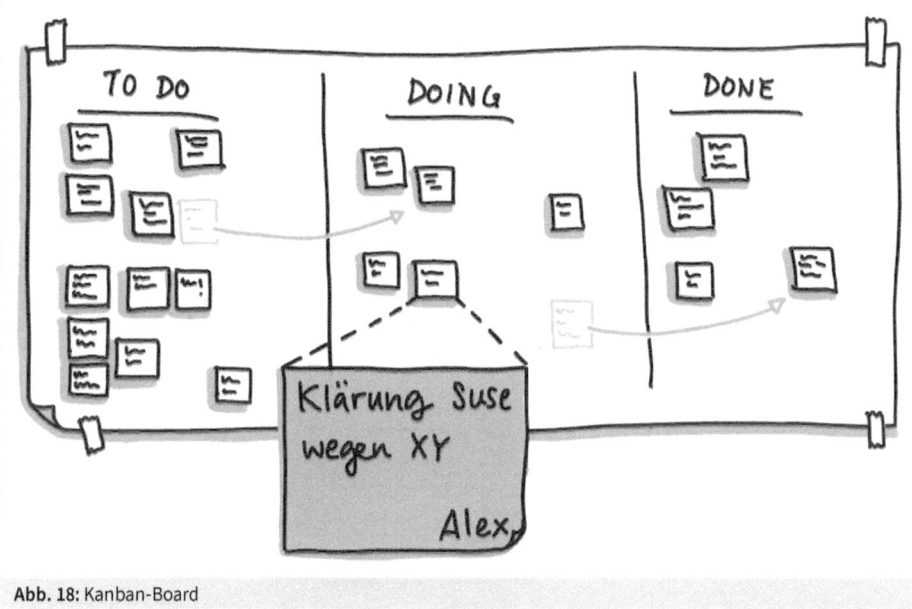

Abb. 18: Kanban-Board

In einer Team-Retrospektive ist es ein gängiges Format, die Reflexion mit verschiedenen Fragen auf einer Pinnwand durchzuführen: Wovon möchte ich mehr? Wovon weniger? Durch die Symbole ist allen Teilnehmer:innen auf einen Blick klar, um welche Themen es geht. In einem virtuellen Meeting kannst du die Vorlage als Bild auf einem geteilten Laufwerk hochladen (z. B. Google Docs) und allen Teilnehmer:innen die Bearbeitung erlauben. Dann kann jede(r) kommentieren, indem er oder sie farbige Textfelder einfügt (»Post-Its«).

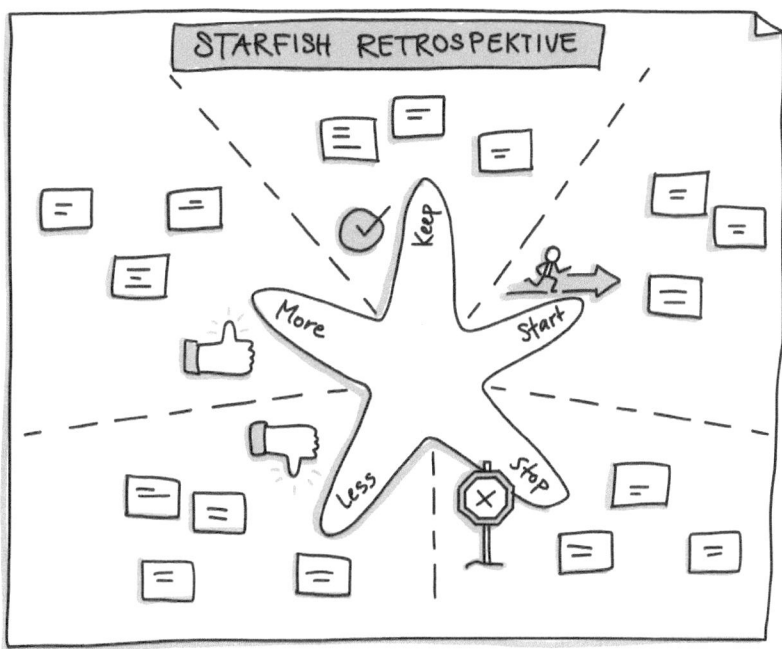

Abb. 19: Gezeichnete Starfish-Retrospektive

Was fällt dir auf, wenn du im Vergleich die als Tabelle erstellte Struktur für die Retrospektive anschaust (Abb. 20)? Worauf hättest du mehr Lust?

Damit sind wir schon bei der nächsten Wirkung.

More	Less	Keep	Start	Stop

Abb. 20: Retrospektive als Tabelle

2.12.2   Bilder laden ein, sich zu beteiligen

Ich habe beobachtet, dass die Beteiligung in visuell moderierten Meetings enorm zunimmt. Woran liegt das? Ein Bild ist wie ein Köder für ein Gespräch. Kaum jemand kann dieser verlockenden Einladung widerstehen. Nehmen wir an, dein Team steckt gerade fest und ihr wollt verstehen, warum es nicht weitergeht. Du überlegst, was aus deiner Sicht die wesentlichen Elemente und Probleme sind. Diese Idee bringst du als **Skizze auf Papier**, auf dem ein paar Männchen, Pfeile, Worte und Blitze zu sehen sind. Du beginnst das Meeting mit dieser Zeichnung: »Ich habe versucht, unsere derzeitige Situation aufzumalen«. Ich bin sicher, dass jemand auf dein Bild reagiert. Zum Beispiel mit einer Ergänzung: »Du hast die Abteilung xy vergessen!«. Oder einem Widerspruch: »Der Pfeil muss andersherum gezeichnet werden, weil …«. Und schon seid ihr mitten in der Klärung und erhaltet am Ende ein treffenderes Bild (gezeichnet oder auch nicht). An dieser Stelle geht es nicht um die Schönheit der Zeichnung. Möglicherweise wird ein Außenstehender die Zeichnung nicht einmal verstehen. Aber die Beteiligten haben viel an Klarheit gewonnen. Dadurch, dass alle mitgewirkt haben und ihre Beiträge sichtbar wurden, identifizieren sich die Beteiligten mehr mit dem Ergebnis und werden sich besser daran erinnern. Ich habe erlebt, dass gemeinsam entwickelte Bilder noch Monate später »zitiert« werden.

Für das Treffen einer Arbeitsgruppe nutze ich die Wirkung der Beteiligung, indem ich ein **Arbeitsplakat** grafisch strukturiere. Für jedes Thema, das bearbeitet werden soll, gibt es einen eigenen, abgegrenzten Bereich. Vielleicht finde ich sogar eine visuelle Metapher für den Workshop. Geht es bspw. um einen Zielzustand, den man definieren möchte, um anschließend die notwendigen Schritte dahin zu definieren? Ich wähle das Bild der Status-Quo-Insel (Wo stehen wir gerade?) und der Zukunftsinsel (Wo wollen wir sein?). Was braucht es, um von A nach B zu kommen? Ich male ein großes Schiff dazwischen. Auf den Segeln ist Platz für die verschiedenen »Ermöglicher« (Ausstattung, Qualifikation, Kommunikation, Prozesse, …). Vielleicht gibt es Hindernisse auf dem Weg zum Ziel? In Form von Haifischen, Riffen oder Piraten? Ich füge die Fragestellungen in den jeweiligen Platzhaltern hinzu, damit diese während des Workshops jedem klar bleiben. Und schon können die Teilnehmer:innen aktiv werden, indem sie ihre Post-Its an der passenden Stelle aufhängen, diskutieren und co-kreativ arbeiten.

Ein natürlicher Gesprächsverlauf ist in der Regel sprunghaft. Ein Arbeitsplakat kann das gut abbilden. Während die Gruppe über die Ausstattung redet, wirft ein Teilnehmer das Problem des schlechten Kundenservice ein. Ich ordne den Kundenservice den Hindernissen zu und notiere ihn bei einem Haifisch. Dann kehre ich zum ursprünglichen Thema zurück. Der Teilnehmer fühlt sich gehört. Das Thema ist verortet und in Beziehung zu den anderen Themen gebracht. Die Gruppe behält ihren Fokus und nimmt das Thema Kundenservice an passender Stelle wieder auf.

Abb. 21: Arbeitsplakat »Vom Status Quo zur Zukunftsinsel«

Auch das funktioniert virtuell genauso gut wie live. Nach vielen Stunden in Online-Meetings (ich schreibe gerade im Lockdown) ist das eine sehr belebende Abwechslung. Dafür lade ich mein Arbeitsplakat als Hintergrund auf einem virtuellen Whiteboard hoch (z. B. Miro, MURAL). Die Teilnehmer fügen Notizen ein (»Post-Its«) oder zeichnen direkt auf dem Board.

2.12.3 Visualisierungen schaffen Klarheit

Ich treffe einen Kunden für ein Briefing-Gespräch. Ich soll eine Visualisierung für das Kick-off erstellen, auf dem den Mitarbeitenden die neue Strategie vorgestellt wird. Die drei Geschäftsführer erzählen nacheinander, worum es geht und was ihnen wichtig ist. Ich zeichne währenddessen in meinem Notizbuch mit. Als sie fertig sind, lege ich meine Skizze in die Tischmitte.

»Wenn ich Sie richtig verstanden habe, geht es darum, einen geschützten Raum für Prototyping aufzubauen«. Anhand der Skizze spiegele ich wider, was ich als wesentliche Botschaften verstanden habe und was ich *noch nicht* verstanden habe. Ich bringe Vorschläge für eine Darstellung ein: »Ein geschützter Raum könnte wie eine Käseglocke sein« – »Ja, dann kann man von außen reinschauen« – »Die braucht unbedingt eine Türe für den Austausch mit den Stakeholdern« – und etwas später »Wo und in welcher Rolle taucht eigentlich die Geschäftsführung in diesem Bild auf?«.

Manchmal fallen mir in einzelnen Situationen partout keine Bilder ein. Inzwischen weiß ich, dass ich *bei Unklarheit* keine Ideen habe. Es ist mein untrüglicher Detektor, dass hier noch etwas zu klären ist. Dann starte ich mit dem, was ist, und wenn es nur ein leeres Viereck ist, »das ich noch nicht ganz verstanden habe«. Ich muss als Visualisiererin nicht immer die Klarheit liefern. Es reicht, wenn ich den Anstoß zur Klärung liefere.

So eine Gedankenskizze hilft zu überprüfen, ob ich mein Gegenüber richtig verstanden habe. Oft entsteht durch das Sichtbarmachen aller Gedanken eine Ordnung, die es ermöglicht, die Gedanken weiterzuspinnen und auf neue Erkenntnisse zu kommen. In diesem Beispiel dauerte es noch eine Weile, bis wir die verschiedenen Elemente und Beziehungen der Zeichnung ausreichend besprochen hatten, sodass die Botschaft eindeutig war. Ich nahm die Skizze mit nach Hause und zeichnete das Bild noch einmal »in Schön« mit allen neuen Details.

Der Nebeneffekt war, dass in diesem Prozess auch die drei Geschäftsführer ihr gemeinsames Verständnis geschärft und um abweichende Vorstellungen bereinigt haben. Dadurch wirkten sie in der Präsentation auf dem Kick-off vor den Mitarbeiter:innen verständlich und glaubwürdig. Das Bild von der Käseglocke prägte sich bei allen ein.

Dieses Vorgehen lässt sich bspw. auch in einem Team anwenden, um gemeinsam eine Produktvision zu entwickeln. Durch die zahlreichen Klärungen, die in jeder Iteration passieren, ist das finale Bild wesentlich greifbarer und klarer, als es ein Text sein könnte. Dies ist gerade für selbstorganisiert arbeitende Teams sehr hilfreich: Wenn ich meine Handlungen und Entscheidungen auf eine Vision ausrichten will, muss ich die Vision verstanden und abrufbar in Erinnerung haben.

Bei zwischenmenschlichen Themen habe ich oft erlebt, wie Bilder die Klärung und das Verständnis beschleunigen. Es ist eben ein Unterschied, ob ich sage »Wir sitzen alle in einem Boot« oder ein Boot zeichne. Da geht es nämlich los: Ist es ein Ruderboot? Ein Katamaran? Eine Galeere? Bilder können subtile Aspekte auf wundervolle Art sichtbar und damit besprechbar machen, manchmal sogar, bevor die Person dieses diffuse Gefühl artikulieren könnte. Das hilft einem Team, Spannungen und Unstimmigkeiten früh zu adressieren. Empfindungen, die über Bilder ausgedrückt werden, sind sie oft leichter zu nehmen. Dadurch, dass das Emotionale einen Platz auf dem Papier findet, fühlt sich die Person oder sogar das ganze System erleichtert, da sie diese Last bisher unausgesprochen getragen haben.

2.12.4   Aktivierung weiterer Ressourcen

Während wir Bilder oder Symbole in wenigen Nanosekunden verstehen, durchläuft unser Gehirn beim Verstehen von Texten einen wesentlich längeren und anstrengenderen Prozess. Bilder sind nicht nur deutlich schneller. Unser Gehirn ist ideal auf die Verarbeitung visueller Informationen eingestellt. Bis zu 80 % der Gehirnzellen sind daran beteiligt. Wenn mehrere Bereiche im Gehirn gleichzeitig aktiv sind, hat das verschiedene Effekte: Die rechte und linke Gehirnhälfte werden gleichzeitig aktiv. Nicht-kognitive Informationen und Ressourcen werden zugänglich, wie Intuition und Gefühle. Durch die höhere Aktivität erleben wir eine stärkere Verbindung – mit dem Bild, mit dem Thema, mit dem Team und/oder der Vision. Eine Identifikation kann stattfinden. Die höhere Vernetzung führt zu größerer Kreativität. Die Verbindung mit Emotionen verankert den Inhalt besser im Gedächtnis. In grafischen Darstellungen können widersprüchliche Informationen auf einem Blatt nebeneinanderstehen und verhindern damit das Entweder-oder-Denken, das sprachlich schnell entsteht. Bilder regen die Vorstellungskraft an und laden ein, *out of the box* zu denken. Träume und Visionen sind zugänglicher. Bilder ermöglichen es, Muster zu erkennen und im Großen und Ganzen zu denken. In der Begegnung mit einem Bild passieren ganz ähnliche Dinge, wie wenn ich selbst etwas aktiv erlebt habe.

Abb. 22: Emotionen, Intuition, Kreativität

2.12.5   Bilder bleiben länger in Erinnerung

An dieser Stelle fügen sich die vorangegangenen Wirkungen zusammen. Denn jede zahlt auf die Merkfähigkeit ein: Auf meinem Kanban-Board herrscht nicht nur **Transparenz**. Ich weiß auch genau, wo welcher Zettel hängt. Wenn ich in einem Workshop daran **beteiligt** war, die Hindernisse für unser Schiff auf dem Weg zu unserer Ziel-Insel zu definieren, werde ich mich erinnern, ob der Kundenservice ein Haifisch oder ein Pirat war, der im Weg steht. Wenn ich mehrere Iterationen gebraucht habe, um ein passendes Bild für meine Botschaft zu finden, wird es mit seiner **Klarheit** im Gedächtnis bleiben. Durch die Aktivierung von **Gefühlen** sind Bilder nachhaltig im Gehirn verankert.

David Sibbet, Vorreiter in der Entwicklung visueller Meetings, fasste es so zusammen (Sibbet 2010):
1. Die Teilnahme explodiert in Meetings, in denen Teilnehmenden zugehört wird und ihre Äußerungen auf eine interaktive, grafische Weise festgehalten werden.
2. Gruppen arbeiten viel intelligenter, wenn sie im großen Ganzen denken, um Vergleiche, Mustererkennung und Ideen-Mapping zu ermöglichen.
3. Das Erstellen einprägsamer Medien verbessert das Gruppengedächtnis und die Umsetzung – ein Schlüssel für die Gruppenproduktivität.

Mehr Visuelles im Virtuellen, bitte
Visualisierungen wirken online genauso. Gerade online ist Klarheit ein Segen, weil es da anstrengender ist, zuzuhören. Bilder erleichtern es, in Resonanz zu gehen. Das erzeugt Verbindung und weckt Aufmerksamkeit. Sichtbare Informationen können besser miteinander verknüpft und mit Bedeutung verbunden werden (Sensemaking).

Eigentlich ist es ganz einfach, in der nächsten Videokonferenz Bilder einzubinden. Teile statt einer Präsentation ein Bild. Du kannst natürlich auch Bilder in der Präsentation statt Text einfügen. Das Bild zeichnest du vorher auf Papier und fotografierst es ab oder zeichnest gleich am Tablet. Soll an dem Bild bzw. dem Plakat gemeinsam gearbeitet werden, muss es auf einer Plattform geteilt werden, auf der die Teilnehmer arbeiten können.

Mit Bildern wachsen
Wie bei allen agilen Tools entfaltet das Werkzeug seine Wirksamkeit entsprechend der Haltung des Anwenders. Wenn ich Bilder zeichne und gleichzeitig hintenrum kommuniziere und hierarchisch denke, wird das Bild möglicherweise eher eine dekorative Wirkung haben. Wenn ich in einem Setting visualisiere, in dem Transparenz nicht erwünscht ist, werde ich auf Widerstand stoßen.

Hier kann ich Bilder reflektierend nutzen. Sie können mir als wohlwollender Reisebegleiter dienen, um mein Mindset und das meines Systems zu spiegeln und zu erleben.

Es könnte sich eine zweifelnde oder ablehnende Stimme melden, »das passt hier nicht, weil …«. Dann lohnt es sich zuzuhören. Welche Angst, welcher Zweifel meldet sich dort? Wenn du es wagen würdest – was könnte im schlimmsten Fall passieren? Hier können Bilder helfen, sogar schon, bevor sie gezeichnet werden, individuelle oder kulturelle Glaubenssätze (Mindset) ans Tageslicht zu bringen.

Auch du kannst visualisieren

»Das ist ja alles schön und gut. Aber ich kann keine Galeere zeichnen«, denkst du vielleicht. Das mag sein. Ich bin der festen Überzeugung, dass auch Menschen, die von sich denken, dass sie nicht zeichnen können, Visualisierungen anwenden können. Hier braucht es oft nur etwas Mut, um sich damit zu zeigen. Und dann heißt es dranbleiben und üben.

Fang mit ein paar Icons an und teste den Effekt. Einfache Icons kannst du von einer Vorlage abzeichnen, z. B. Herz, Glühbirne, Wolke, Blitz. Zahlreiche Vorlagen für den Business- und Moderationskontext finden sich in den Bikablos (Bildwörterbücher vom Neuland-Verlag). Auch eine Suche in einer Suchmaschine (Bildersuche aktivieren) gibt schnelle Inspirationen. Gib als Test »Retrospektive Flipchart« in der Suchmaschine ein. Im Laufe der Zeit entwickelst du so deine persönliche Icon-Bibliothek. Das Praktische ist: Manche Icons lassen sich für verschiedene Bedeutungen nutzen. Es reicht, das damit verbundene Wort zu ändern. Kombiniere die Icons und erschaffe neue Bedeutungen. So erweiterst du nach und nach dein Repertoire, merkst, wo die Bilder wirken und findest selbst Ideen für weitere Anwendungen.

Abb. 23: Einfache Symbole, vielseitig einsetzbar

Verabschiede dich von deinem Perfektionisten. Die Grundformen sind einfach. Jeder kann Strichmännchen zeichnen, Linien, Kästchen, Kreise und Pfeile. Damit kannst du schon ziemlich viel darstellen. Es geht um einen ersten Wurf, zusammen mit einem geschriebenen Wort oder einer Erklärung, um deinen Gedanken auszudrücken.

Gerade ein schief gezeichnetes Männchen hat oft viel Charme. Es ist menschlich. Es offenbart den Mut des Zeichners, sich mit dieser »Schwäche« zu zeigen, was ihn sympathisch macht. Es erzeugt einen ungezwungenen Rahmen, nicht perfekt sein zu müssen. Eine ausgezeichnete Rahmung für ein gelungenes Meeting.

Du darfst deinen eigenen Weg und Stil finden. Es gibt nicht *die* richtige Visualisierung. Stattdessen gibt es eine große Bandbreite zwischen sichtbar aufschreiben und einen visuellen Workshop-Ablauf erstellen, die je nach Situation und Können anders aussehen kann.

Dein persönliches visuelles Fazit

Mein Wunsch ist es, dich zu ermutigen, selbst Visualisierungen anzuwenden und dein Repertoire zu erweitern. Hier kannst du gleich festhalten, was du aus meiner Geschichte mitnimmst. Mehr von mir findest du unter www.thegoodpoint.de, auf LinkedIn und Instagram.

Abb. 24: Dein persönliches visuelles Fazit

2.13   Anekdoten – Old Work goes New Work

Kim Nena Duggen

2.13.1   Typische New-Work-Anfänge …

Pflaster kleben

Das Management einer Bank investiert 25.000 Euro in die Umgestaltung von deren Büroflächen. Ein renommierter Inneneinrichter für identitätsstiftende Raumgestaltung wird beauftragt. Es werden Kreativräume geschaffen, Begegnungszonen gestaltet, die Führungskräfte ziehen in gläserne Büros, um nah an Mitarbeitenden zu sein und gleichzeitig für kritische Gespräche Diskretion wahren zu können. Nach Abschluss des Umbaus wird die Begegnungsfläche kaum genutzt, der Einkauf erhält vermehrt Anfragen für Noise-Cancelling-Kopfhörer. Die Mitarbeitenden sind auf Nachfrage vermehrt frustriert, weil für Änderungen an der Arbeitsweise oder der IT-Infrastruktur nun kein Budget mehr zur Verfügung steht. Laut Management habe man ja schließlich schon so viel für die Zusammenarbeit und die Atmosphäre getan …

Des Kaisers neue Kleider

Das HR-Team eines mittelständischen Software-Hauses geht auf eine Konferenz zum Thema »Arbeiten der Zukunft«. Dort berichten verschiedene modern organisierte Unternehmen von ihren Gehaltsmodellen. Es wird sogar ein Buch über zehn verschiedene New-Pay-Modelle gelauncht. Noch im Zug auf der Heimfahrt beschließen die HR-Kolleg:innen, das Modell einer Firma aus Schweden habe am vielversprechendsten geklungen und passe doch recht gut zu den eigenen Umständen. Zurück in der Wirkungsstätte, wird gleich zu einer Arbeitsgruppe eingeladen, die das Modell für die eigene Organisation ausrollt. Die Diskussionen der Arbeitsgruppe verlaufen ausufernd: »Was ist denn genau mit der Kategorie ›internes Engagement‹ gemeint? Wieso sollten wir als Unternehmen ausgleichen, dass jemand einen langen Arbeitsweg in Kauf nimmt? Und ist das so überhaupt gerecht, wenn meine Berufserfahrung vor dieser Anstellung gar nicht berücksichtigt wird?«

Nicht jeder kann New Work!

Der Geschäftsführer einer Beratungsfirma für Datenschutz besucht eine Weiterbildung zum Thema Selbstorganisation. Er will sich mit weiterführenden Konzepten auseinandersetzen, nachdem bereits vor Jahren Scrum im eigenen Unternehmen erfolgreich eingeführt wurde. Leider sei jedoch das Konzept der Entscheidungsfindung im Team für seine Angestellten nichts. Sie könnten sich bisher leider nicht selbst organisieren. Nun weitreichende Entscheidungen zu verantworten, würde sie definitiv überfordern. Manches müsse wohl doch beim Chef bleiben, der hafte ja schließlich auch. Auf Rückfrage nach konkreten Anzeichen für diese These berichtete der Geschäftsführer, dass kaum ein Kollege die Freitage, die für die strategische Weiterentwicklung der Firma gedacht seien (in Anlehnung an das Google-Modell), nutzen würde. Themen, die Kolleg:innen übernehmen wollten, kämen nicht voran. Auf weitere Rückfrage, was die Kolleg:innen denn alternativ täten, war die Antwort: »Stunden beim Kunden schrubben«. Wesentlich später berichtete der Geschäftsführer: »Wir haben ein Prämiensystem für fakturierbare Stunden. Musste ja seinerzeit so gelöst werden, ansonsten wären die Kolleg:innen ja nicht motiviert gewesen, Aufträge zu akquirieren«.

New Work needs inner work only

Eine Holding, die Pflegeeinrichtungen betreut, verliert zunehmend Marktanteile. Die Pflegeminuten werden immer knapper, die Konkurrenz aus dem Ausland immer stärker. Eine Organisation nach Scrum wird als Ziel ausgelobt. Es werden Bücher studiert, Networking-Events mit anderen agilen Organisationen besucht, New-Work-Berater:innen ins Haus geholt.

Als erster Task scheint unumgänglich: Wir müssen am Mindset der Mitarbeitenden arbeiten, unsere Werte als Firma überprüfen und neu ausrichten! Immer wieder fragen Mitarbeitende in diesem Prozess nach: »Wie gehen wir denn konkret mit unserer Wirtschaftlichkeit um? Wie sollen wir später Aufgaben priorisieren? Wir haben doch gar nicht die richtigen Leute für so eine Arbeitsweise, oder?« Antwort der Berater:innen: »Das findet sich, Geduld! Wenn erstmal das Mindset agil ist, werdet ihr diese Fragen selbst beantworten können!«

Thinktanks = Disruption

Ein Automobilkonzern stellt fest, dass der Markt und die Außeneinflüsse immer dynamischer werden. Die Kundenbedürfnisse ändern sich und der Bereich Forschung & Entwicklung verliert zunehmend den Überblick. »Wir brauchen mehr Innovationskraft« ruft der Vorstand aus. »Ich habe von anderen Automobilkonzernen gehört, dass die jetzt Thinktanks haben. Da arbeiten die kreativsten und motiviertesten Mitarbeiter ungestört an neuen Ideen. Das machen wir auch!« Es wird ein ganzer Büroflügel in einem Coworking Space im Zentrum der Stadt gebucht, Mitarbeitende werden ernannt, andere bewerben sich freiwillig für diese Aufgabe. Nach einigen Monaten wird die Stimmung im Unternehmen schlechter. Die Innovationen aus dem Thinktank finden keinen Anklang bei den anderen Kolleg:innen: »Das geht doch völlig am Kundenbedarf vorbei! Wie sollen wir das mit dem bestehenden Budget abbilden? Und wie gehe ich jetzt mit den Aufgaben aus meinem laufenden Projekt um?«

2.13.2   … und was daraus zu lernen ist

Genug Anekdoten? – Lass uns anschauen, was in den unterschiedlichen Organisationen passiert ist.

Begriffsdefinition Anti-Pattern

Ein »**Anti-Pattern**« (Anti-Muster, frei nach dem »Anti-Pattern Catalog«) ist ein Verhaltensmuster, welches erklärt, wie man von einem Problem zu einer schlechten Lösung kommt. **Diese »bad practices« zu identifizieren, ist mitunter wertvoller, als »best practices« zu beleuchten,** da Anti-Patterns häufig auf den ersten Blick wie naheliegende und sinnvolle Strategien aussehen und deswegen zum Teil hochmotiviert in die Umsetzung gebracht, wenn nicht sogar mit anderen als Vorbild geteilt werden.

Gut formulierte Anti-Patterns erklären sogar, warum die schlechte Lösung auf den ersten Blick attraktiv aussehen, warum sie trotzdem schlecht geeignet sind und welche positiven Muster erfolgversprechend sein können.

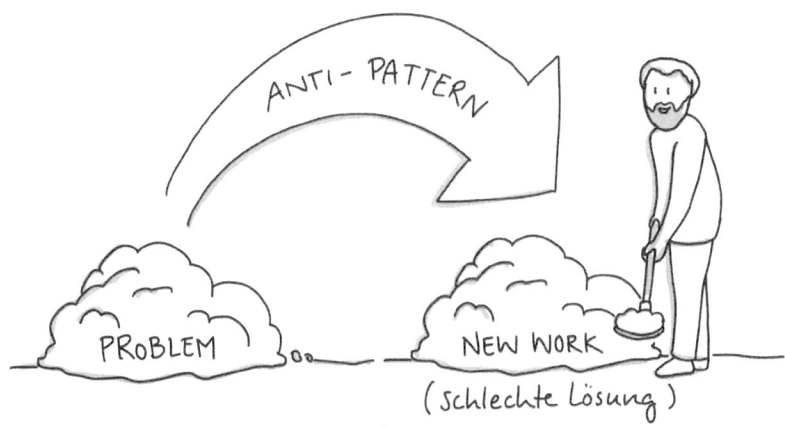

Abb. 25: Anti-Pattern

Die in den Anekdoten gezeigten Anti-Patterns

Transitionsprojekte, die in Organisationen betrieben werden, um von Old Work (klassischer Unternehmensführung und -struktur, durch die Industrialisierung geprägt) zu New Work (agilen, digitalen und vor allem selbstorganisierten Geschäftsmodellen mit dem Menschen im Fokus) zu gelangen, sind gelegentlich ernüchternd. Man hatte sich doch so viel vom Change versprochen. Die Mitarbeitenden sollten doch zufriedener, das Produkt schneller am Markt, der Umsatz dadurch gleichzeitig höher sein …

Bei genauer Betrachtung entdecke ich in der Praxis häufig ein oder sogar mehrere Anti-Patterns, die zugeschlagen haben könnten.

Neben vielen möglichen weiteren Anti-Patterns, die wir in freier (Unternehmens-)Wildbahn beobachten, haben wir uns hier den aus meiner Sicht häufigsten und gleichzeitig schwerwiegendsten Beispielen gewidmet. Wenngleich auch etwas überspitzt.

Die zugegebenermaßen sehr knappen Einblicke in die Welt der Transition-Projekte beschreiben, was häufig schiefläuft. Innovation findet in »In-groups« statt, das »Not invented here«-

Syndrom schlägt zu, vielleicht bildet sich sogar eine gefühlte Zweiklassengesellschaft: derer, die *neu* arbeiten dürfen und derer, die das alte System am Laufen halten müssen. Der Change in New-Work-Denke findet nur in der Haltung der Mitarbeitenden statt. Über Wirtschaftlichkeit darf nicht gesprochen werden – das ist alte Welt! Disziplinen, die in der Vergangenheit gut funktioniert haben, müssen trotzdem auf den Kopf gestellt werden – *alles muss neu!*

Cargo Cult (ein herrlicher Begriff, der alle Maßnahmen und Aktionen zusammenfasst, die quasi »mehr Schein als Sein« sind) **wird forciert, weil es leichter scheint, sich an hippen und erfolgreichen Organisationen zu orientieren, als sich mit den eigenen Gegebenheiten intensiv auseinanderzusetzen.** Manchmal wird empfohlen, die »low hanging fruits« erst zu ernten, dann würden Erfolge schnell sichtbar und das motiviere. Leider arbeiten wir dann allerdings an den Symptomen, nicht an den Ursachen.

Erste Lösungsideen

Ein Ansatz, um diesen Anti-Patterns zu begegnen, besteht für mich darin, sich **die wichtigen und ggf. auch schmerzhaften Fragen zu Beginn** zu stellen:
- Was sind unsere internen und externen Treiber für die Veränderung?
- Was sind unsere aktuellen Herausforderungen?
- Was genau wollen wir betrachten?
- Was ist unser »Warum«?

Wir brauchen ein **gemeinsames Problembewusstsein,** das alle motiviert, eine Veränderung zu durchlaufen. **Wer kein Problem hat, benötigt keine Lösung und wird sich auch nicht hochmotiviert an der Lösungsfindung beteiligen.**

Wie **dosieren** wir die Veränderung? Komplexe Probleme (Definition aus dem CYNEFIN-Framework) benötigen völlig andere Herangehensweisen als komplizierte!
- Was in unserem Betrachtungsgegenstand ist unkompliziert und kann mit bestehenden bzw. leicht adaptierten Prozessen und vielleicht sogar Automatisierung adressiert werden?
- Wo braucht es dynamisches Vorgehen, selbstorganisierte Teams, die schnell entscheiden und vor allem Lösungen experimentell angehen können?
- Und wo macht Standardisierung Sinn?
- Wo braucht es Veränderung?

Organisationen sind komplexe Systeme, die vollumfänglich betrachtet werden müssen. **Wenn wir Veränderungen vornehmen, können wir nicht planen, wie diese genau wirken werden.** Eine Betrachtung und explizite Entscheidung auf sämtlichen Ebenen eines Unternehmens ist hier hilfreich:
- Braucht es Veränderungen im Bereich unserer Bricks (u. a. Gebäudestrukturen, Orte der Zusammenarbeit)?
- Was muss an unseren Bytes (u. a. IT-Infrastruktur, Technologien) getan werden?

- Und wie sollten wir uns im Bereich Behavior (u. a. Organisations-, Kommunikationsstruktur und Führung) aufstellen, damit unsere Verhältnisse unser Verhalten positiv und vor allem nachhaltig beeinflussen?
- Wie ermöglichen wir Partizipation in der Veränderung?

New Work kann nicht verordnet werden. Wenn wir wollen, dass unsere Organisation künftig selbstorganisiert und agil arbeitet, müssen wir damit bereits in der Veränderung beginnen. Großgruppenformate, Kreativitätsmethoden, konstante Auseinandersetzung mit Bedürfnissen der Organisation und deren Mitglieder sowie Konfliktmanagement sind hilfreiche Instrumente, um partizipativ zu verändern, was nachher partizipativ funktionieren soll.

3 *Transformation*-Werkstatt

Lernen ist wie Rudern gegen den Strom. Sobald man aufhört, treibt man zurück.
Benjamin Britten

Wieso werden Transformationen, die Selbststeuerung bezwecken wollen, top-down projektiert?

Eigentlich amüsant. Da wollen wir, dass unsere Mitarbeitenden lernen, sich selbst zu organisieren, und neue Arbeitsweisen etablieren, lassen sie aber nicht mitentscheiden an der wichtigsten Veränderung: der aktuellen Arbeitswelt – ihrem Arbeitsalltag. Dabei ist doch gerade der Mitarbeiter der entscheidende Faktor. Das gesamte Wissen in der Organisation wollen wir über Wissensmanagement steuern, aber wieso es nicht schon von Beginn an nutzen?

Es ist nun mal wenig New Work, wenn eine Entscheidung top-down gefällt wird. Der Witz dabei: Da fahren unsere hiesigen Manager:innen über Jahre hinweg nach Silicon Valley, erzählen von ihrer Reise durch die Täler der Innovation und arbeiten weiterhin nach der Logik von gestern. Was Peter Drucker dazu wohl sagen würde?

Das Gestalten von New Work ist echte Kulturarbeit. Bis hierher sind wir uns dessen auch bewusst. Auch, dass Change nach dem Schema »Auftauen, Ändern, Einfrieren« eher für einen dauerhaften Stresszustand sorgt. Zumindest in heutigen Zeiten des stetigen Wandels. **Es geht im Gegenteil also darum, eine nachhaltige und langfristige Kultur von Veränderung zu etablieren. Somit muss jeder Einzelne direkt zu Beginn Akteur sein.**

Mit der *Transformation-Werkstatt* habe ich ein Vorgehen entwickelt, dass auf einen Bottom-up-Ansatz baut mit dem Ziel, Transformation als stetigen Prozess mit den Mitarbeiter:innen zu etablieren und deren New-Work-Reise ganz individuell zu gestalten: **eine lernende Organisation.**

3.1 Kerngedanke des Vorgehens

Die *Transformation*-Werkstatt ist ein Vorgehen, nachhaltig eine Kultur zu schaffen, die in der Lage ist, nach dem AGIL-Schema zu agieren, indem zu Beginn auf der kulturellen, strukturellen und persönlichen Ebene die Transformation ausgerichtet wird.

Herzstück des Vorgehens ist der Lernansatz von Argyris und Schön (2006), die »Lernende Organisation«:

In ihrem Konzept bestimmen sie Lernen zunächst einmal ganz allgemein als Veränderung eines Informationsstandes. Dabei verweisen sie auf den Wert einer Information in Abhängigkeit von deren *Verwendung für die Ziele einer Organisation*. Lernen bedeutet insofern nicht zwangsläufig die Vermehrung von Wissen. Es geht um Lernen aus verschiedenen Perspektiven: als Lernergebnis, als Lernprozess und über **den Lernenden als Akteur.**

»Das organisationale Handeln lässt sich nicht auf das Handeln einzelner reduzieren, nicht einmal auf das aller Einzelpersonen, aus denen die Organisation besteht, aber es gibt dennoch kein organisationales Handeln ohne individuelles Handeln« (Argyris/Schön 2006, S. 24).

Als Grundstein ihres Modells organisationalen Lernens rückt damit zunächst das Handeln der einzelnen Akteure in den Vordergrund, welches sich als Handlungs- und Gebrauchstheorie (»theory of action«) formulieren lässt. Das jeweilige Handeln der Akteure orientiert sich dabei an deren Vorstellungen, Normen, Weltanschauungen und Strategien, die zu spezifischen Erwartungen über die Konsequenzen und Wirkungen des Handelns führen.

Auf Grundlage des Modells war meines Erachtens wichtig, den aktuellen Prozess von Transformations- und Change-Projekten zu hinterfragen. Nicht nur den Aspekt, dass Change eben nicht mehr als abgeschlossener Prozess betrachtet werden sollte. Sondern auch die Tatsache, dass Veränderung meist über bestimmte Gruppen, Teilbereiche der Projekte initiiert wird (bspw. top-down), was wenig mit Lernen und Veränderung einhergeht. Eher mit Bestimmen und Umsetzen.

Mit dem Ansatz der *Transformation*-Werkstatt war mein Ziel, ein Modell anzubieten, das sehr allgemein und gesamtheitlich startet und dann immer spezifischer wird. Der Vorteil darin: Jede/r einzelne Mitarbeitende kann, sofern diese/r es möchte, an der Veränderung mitarbeiten – selbstbestimmt von Beginn an und so stark involviert, wie es zeitlich neben dem eigentlichen Job möglich ist bzw. von der Organisation ermöglicht wird. Das erspart nicht nur unnötige Beraterkosten, es hilft der Organisation, aus sich heraus zu wachsen, sich weiterzuentwickeln und gleichzeitig die Mitarbeitenden in der persönlichen Entwicklung zu befähigen. Unter anderem in deren Veränderungsintelligenz.

»Durch ein Regelwerk über Entscheidungen sowie durch das Delegieren und Festlegen von Grenzen der Mitgliedschaft wird eine Gesamtheit zu einer Organisation, die imstande ist zu handeln« (Argyris/Schön 2006, S. 25).

Das agile Prinzip der selbstorganisierten Transformation
Organisationales Lernen findet statt, wenn Mitarbeitende in einer Organisation eine problematische Situation, Herausforderung etc. erleben und die Chance bekommen, gemeinsam nach Lösungen zu suchen. Gerade die unterschiedlichen Perspektiven sorgen für einen Prozess von Gedanken und weiteren Handlungen; dieser bringt sie dazu, ihre Vorstellung oder ihr Verständnis der Organisation abzuändern und ihre Aktivitäten neu zu ordnen. Damit Ergebnisse und Erwartungen übereinstimmen und nachhaltige Lösungen entstehen können.

Um solch einen Prozess anzugehen, bedarf es verschiedener Formate, um Mitarbeitende miteinzubeziehen:

- Umfragen bzw. Collaboration-Tools
- Lernveranstaltungen: »Learning Nuggets«
- Großgruppen-Formate
- Kleingruppen-Formate
- agiles Projektmanagement
- regelmäßige Retrospektiven

Das Konzept des organisationalen Lernens kann als eine Ablösung bzw. Fortschreibung des Begriffs der Organisationsentwicklung gesehen werden, dabei ist entscheidend, mit verschiedenen Formaten einerseits ein Angebot von Lernen zu ermöglichen, aber auch die Mitarbeitenden zu befähigen, Transformation als einen stetigen Weiterentwicklungsprozess der Organisation in ihren Einheiten bis hin zum/zur einzelnen Akteur:in zu verstehen.

Grundannahmen

Der Mensch besitzt die Fähigkeit zur Selbstreflexion, zur kritischen Auseinandersetzung mit sich und seiner Umwelt, mit seinem Handeln und Tun. Wenn dies nicht früh gelernt wurde oder defizitär ausgeprägt ist, kann diese Fähigkeit auch später noch erlernt werden. Denn der Mensch ist in der Lage, seine Verhaltensweisen bewusst zu verändern und zu erweitern, um sich an veränderte Gegebenheiten in seiner Umwelt anzupassen.

Dafür muss auf organisationaler Ebene folgendes beachtet werden:

- Veränderung der organisationalen Wissensbasis und des Informationszugangs
- Verbesserung der Problemlösungs- und Handlungskompetenz, wobei die Basis Vertrauen in die Mitarbeitenden und deren Fähigkeiten ist
- Zugang zu Lernwelten (digital, analog, menschlich), didaktisch sinnvoll, um Wissen im Zuge der Transformation aufzubauen
- Zeit, die Mitarbeitende brauchen, wenn sie – neben ihren eigentlichen Aufgaben – freiwillig an der Transformation mitarbeiten
- psychologische Sicherheit als Basis der Arbeitsatmosphäre

Grundsätzlich wichtig ist dabei, dass Organisationen und Individuen lernen,

- persönliche und organisationale Veränderungen als Dauerbestandteil der Wirklichkeit zu verstehen,
- dafür offen zu sein, sie in ihren Alltag zu integrieren.

Klassisches Change-Management mit dem Wunsch nach einem *einmalig* festzulegenden Ziel und entsprechendem Abschluss wäre in den heutigen Zeiten für jeden Beteiligten irreführend!

3.2   Umsetzung der *Transformation*-Werkstatt

Die *Transformation*-Werkstatt lehnt sich konzeptionell, wie bereits erwähnt, an die langfristige und nachhaltige Konzeption der lernenden Organisation an. Der Prozess ist in sieben Phasen gegliedert, die wir uns nun detailliert anschauen werden. Wichtig hierbei: Der Mensch steht im Mittelpunkt, er ist direkt in den Gestaltungsprozess involviert und wird gleichzeitig befähigt mit Veränderung umzugehen.

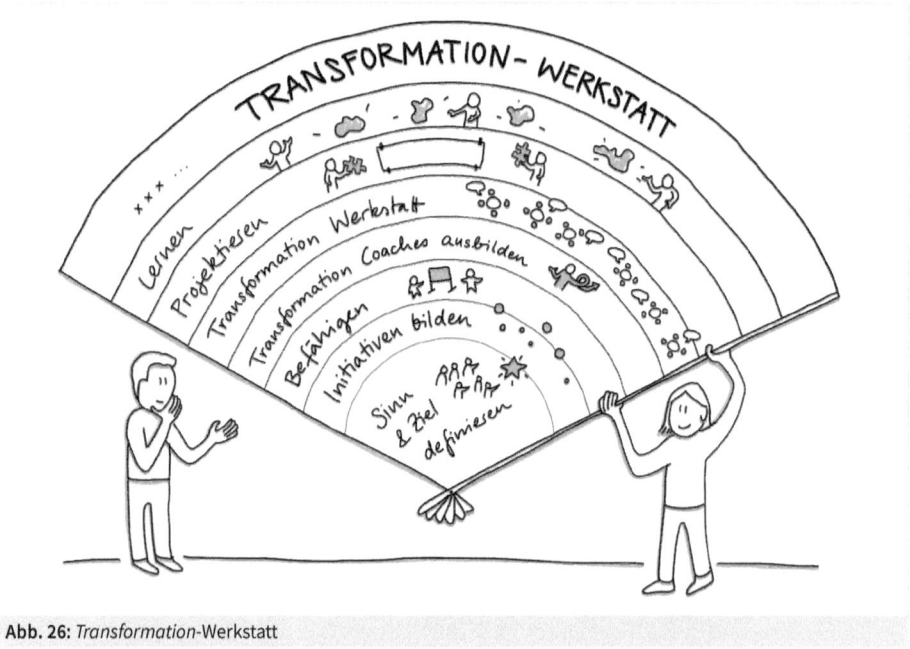

Abb. 26: *Transformation*-Werkstatt

3.2.1   Transformation als Prozess: Vision bilden

Viele Organisationen arbeiten bereits mit Visionen und setzen sich Ziele. Oft gestellte Fragen sind aber, wenn man mit der Belegschaft spricht: »Was hat das Ziel mit mir zu tun?« oder »Wer hat das Ziel denn überhaupt definiert?«

Mit dem Wissen darum, dass es nicht um eine kurzfristige Change-Initiative geht, sondern um eine langfristige und stetige Transformation im Sinne des Marktes, braucht dieser Prozess einerseits ein »echtes Statement«, aber auch genug Flexibilität und Optionen zur »marktüberpüfenden« Anpassung. Nicht permanent, aber stetig. Ebenso sollten die Mitarbeitenden der Organisation involviert werden – die Menschen, die nun mal die Organisation darstellen.

VISION – NICHT ANGEKOMMEN

Ein sehr amüsantes Beispiel, wie die Visions- und Zielfindung nicht stattfinden sollte, erlebte ich mal in einem Unternehmen, in dem die Geschäftsführer mit externen Berater:innen über viele Wochen hinweg in Workshops nach der richtigen Vision gesucht hatten. Mit viel Freude und hohen Erwartungen wollten die Mitarbeitenden nun wissen, was die Strategie des Unternehmens sein würde. Die Geschäftsführer verkündeten ihre Vision und im Raum war ein Raunen. Das Problem? Die Vision war auf Englisch und das deutsche Unternehmen hatte bis zu diesem Zeitpunkt kein Wort Englisch genutzt, es wegen seiner Regionalität gar nicht gebraucht. Daher wurde die Botschaft schlichtweg nicht verstanden. Es hat Wochen gedauert, um festzustellen, dass sich keiner die Vision gemerkt hatte.

Tja, so kann es passieren, wenn ein deutsches mittelständisches Unternehmen nun Denglisch spricht. Was wohl für eine Vision entstanden wäre, wenn man die Mitarbeitenden einbezogen hätte? – Ich glaube, eine sehr ehrliche und authentische Vision, die alle gerne hätten mitgehen wollen.

Aber um was geht es, wenn man als Organisation seinen Weg definieren möchte? Sinnhaftigkeit. Aber nicht, weil »Purpose« im Trend ist, sondern mit der Ernsthaftigkeit, wirklich für etwas stehen und ggf. etwas verändern zu wollen.

Das Tool »Agile Journey Quadrant«, das du bereits kennengelernt hast, bietet sich für den Prozess an. Hierzu gibt es verschiedene mögliche Ansätze; die Auswahl sollte, wie immer, zur Kultur deiner Organisation passen.

Ideenbox zur Visionssuche
- Ausschreiben über das Intranet: Suche nach der Unternehmensvision mit dem Aufruf, Ideen einzureichen, die danach über Abstimmungen gewählt werden können.
- Parallel kleine Workshops mit verschiedenen Mitarbeitenden (Querschnitt der Organisation), die sich für die Teilnahme bewerben können. In den unterschiedlichen Workshops können Elemente von Design Thinking, OKR oder einfach Kreativmethoden à la De Bono genutzt werden, um Visionsvorschläge zu erarbeiten. Auch diese können anschließend wieder über alle Mitarbeitenden abgestimmt werden.
- Einen ganzheitlichen OKR-Prozess aufsetzen, der das Zielsystem der Organisation bestimmt.

Es gibt sicherlich viele weitere Ansätze. Aber zunächst ist unser erstes wichtiges Fazit: Gestalte einen Prozess zur Visions- und Zielbildung *mit deinen Mitarbeitenden*. Es ist besonders wichtig, eine gut greifbare Vision zu kreieren. Denn die gibt den Menschen Sicherheit und Orientierung, um was es geht, worauf hingearbeitet wird.

Einer meiner Kunden hatte mit seinen Mitarbeitenden folgendes Transformationsziel erarbeitet: »Flexible, projektbezogene Teams, die sich selbst organisieren, mit den Bedürfnissen des Kunden im Fokus«.

Abb. 27: Gesamtprozess aus der Praxis

3.2.2   Initiativen bilden

Jetzt wird es allerdings auch schon entscheidend. Wie kommt man zu dieser Vision hin? Was braucht es dafür?

Der nächste Schritt: Um in die Umsetzung zu kommen, bedarf es eines Überblicks über all die Herausforderungen, Probleme, aber auch erste Lösungsideen. Die Frage lautet also: Was braucht die Organisation, um besser zu werden? Auf was kommt es an?

Auch hier gilt es wieder, die Mitarbeitenden einzuladen, den Prozess mitzugestalten. Ziel ist, je nach Organisationsgröße 5–10 Initiativen zu bilden, die anschließend an der Verbesserung der Organisation arbeiten.

Spätestens an dieser Stelle ist es wichtig, den gesamten Prozess bei den Mitarbeitenden zu platzieren. Über verschiedene Kommunikationskanäle alle relevanten Informationen transparent darzustellen. Also aufzuzeigen, wo die Reise hingeht und den *Fokus auf organisationales Lernen unter Einbezug der »Mitarbeiterstimmen«* verdeutlichen. Denn viele Mitarbeitende hatten bis zu diesem Zeitpunkt selten die Chance, komplett »mitsprechen« zu können. Daher muss ihnen immer wieder aufgezeigt werden, dass man ihnen mehr vertrauen möchte, mit dem Wissen, dass es ein Prozess ist, bei dem beide Seiten voneinander lernen werden. Und das ab jetzt stetig.

Ein erstes mögliches methodisches Vorgehen ist die sogenannte Kraftfeldanalyse. Was zahlt jetzt schon auf die gewünschte Vision ein? Was sind hemmende Faktoren?

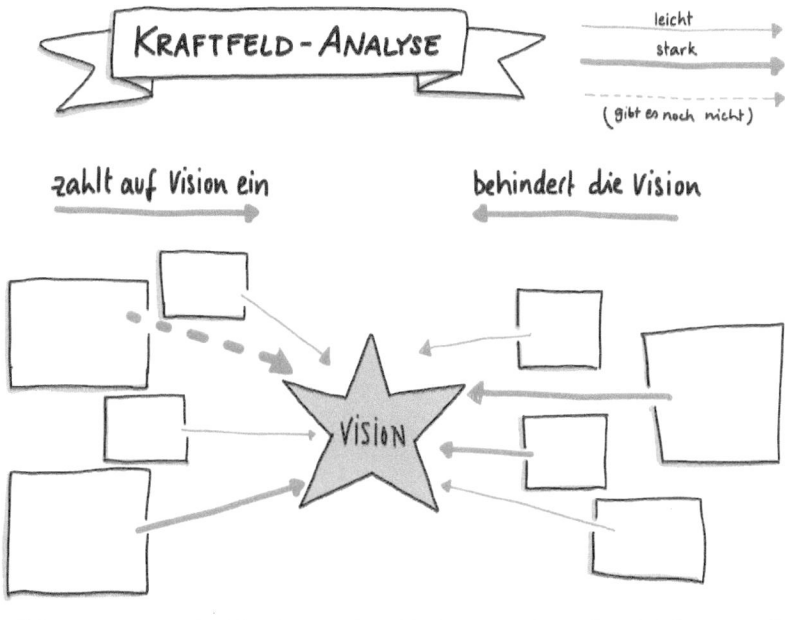

Abb. 28: Kraftfeldanalyse

In kleinen 90-Minuten-Workshops können die Teilnehmenden darüber diskutieren, was auf die Vision einspielt und was dagegen total hinderlich ist. Es empfiehlt sich, 60 Minuten mit der Kraftfeldanalyse Themen zu sammeln und die letzten 30 Minuten zur reinen Ideengenerierung zu nutzen. Überlegt in einem Brainstorming, das die meisten in der Anwendung kennen, welche Initiativen es braucht, um die Organisation zu entwickeln.

Je nach Größe der Organisation kann dieser Workshop beliebig wiederholt werden. Mit einem meiner Kunden hatte ich für eine Organisationsgröße von 500 Mitarbeitenden 40 Interessierte. Also haben wir fünf Workshops mit jeweils acht Personen angeboten.

Merke: Gruppengröße in Workshops

In Workshops (Work = Arbeit!), in denen Themen erarbeitet werden oder Kreativität gefordert ist, sollten fünf bis maximal zehn Personen teilnehmen. Diese Größe zeigt immer wieder, dass viele Ergebnisse entstehen, während größere Gruppen sich oft in Diskussionen verzetteln. Zu viele Köche verderben nun mal den Brei.

Die gesamten Ergebnisse werden anschließend konsolidiert und geclustert, hieraus entstehen die **Initiativen**. Diese sind für die Organisationsentwicklung verantwortlich und gestalten Lösungen für vorher erarbeitete Herausforderungen. Jetzt bietet sich an, weitere Mitarbeitende in den Prozess einzuladen. Aus der Praxis zeigt sich, dass es immer wieder förderlich ist, nach jeder Phase nochmals eine »Einladung zum Mitmachen« auszusprechen. Denn der eine oder die andere möchte anfänglich nur Beobachter(in) sein und findet dann doch den Einstieg.

Die Organisation der Initiativen liegt komplett bei den Mitarbeitenden der einzelnen Teams. Die meisten organisieren sich über Meetings und planen ein Vorgehen für ihr Thema. Typische Initiativen und Themen *auf der Kulturebene*, die ich in der Praxis immer wieder erlebt habe: Kommunikation, Führungskultur, Coaching, Feedback, Gehaltsgestaltung, Zusammenarbeit, Kundenorientierung und meistens auch ganz branchenspezifische Initiativen.

Um die Initiativen zu unterstützen, gibt es eine wichtige Zwischenphase: die Befähigung. Diese wird durch Lernformate für neues Arbeiten erreicht, die idealerweise auf die Inhalte der Initiativen zugeschnitten sind.

3.2.3   Befähigen: Lernformate zur selbstorganisierten Transformation

Die Umsetzung der Initiativen muss oft mit Wissen untermauert werden. Es geht darum, gemeinsam über den Tellerrand zu gucken, aber auch eine Regelmäßigkeit dieser Formate zu etablieren. Anfänglich sollten so viele Formate wie möglich erprobt werden, um herauszufinden, was am besten zur Unternehmenskultur passt. Wie bspw. der »Schontag« von q+g, der montags stattfindet und dazu dient, sich untereinander, von Kolleg:in zu Kolleg:in weiterzuentwickeln. Mit einem meiner Kunden war die Idee anfänglich, »Learning Nuggets« über agiles Arbeiten, neue Organisationsformen und Leadership anzubieten, anschließend daraus weitere Formate zu entwickeln.

Hier ein kleiner Überblick über **Lernformate**:

»Brown Bag Meetings« (manche nennen es auch »Lunch and Learn«)

Brown Bag Meetings fördern vor allem die kontinuierliche Weiterbildung. Es finden mittags kurze »Treffen« statt, die nicht länger als eine Stunde dauern. Ziel ist, dass Mitglieder der Organisation über ein Thema referieren. Anschließend wird über das Thema diskutiert. Das Ganze ist freiwillig, jeder bringt sein Mittagessen mit. Der Begriff »Brown Bag Meeting«, stammt aus den USA, wo der »Lunch« häufig in braunen Papiertüten verpackt ist. Brown Bag Meetings fördern nicht nur den Wissenstransfer, sondern auch die Vernetzung und Abstimmung verbessert sich untereinander.

Lean Coffee

Der Lean Coffee findet in der Regel in einem festgelegten zeitlichen Rahmen von maximal zwei Stunden statt und jeder kann daran teilnehmen, wobei die Gruppe nicht zu groß werden sollte.

Der Lean Coffee ist quasi der kleine Bruder der Methode des World Café. Es geht um einen kollegialen Wissensaustausch in kleineren Gruppen. Dieser läuft strukturiert ab, denn die Teilnehmer sammeln die zu besprechenden Themen zu Beginn und priorisieren nach Brisanz des Themas. Genauso geht es auch weiter. Die Diskussion startet mit dem wichtigsten Thema, das in einer vorab besprochenen Zeitspanne (time-boxed) diskutiert wird. Nach Ablauf der Zeit entscheiden die Anwesenden per einfachem Handzeichen, ob sie dieses Thema weiter diskutieren oder mit dem nächsten starten wollen. Es muss nicht zwangsläufig ein Handeln aus dem Meeting entstehen. Das zu entscheiden obliegt jeweils der Organisation: Soll das Format zum Austausch dienen oder um Ideen zu treiben?

Learning Nuggets

Ziel dieses Lernformats ist es, in kurzen Einheiten Wissen aufzufrischen oder erstes Basiswissen zu vermitteln. Daher wird es auch »Mikrolernen« oder »Wissenshäppchen« genannt: maximal 15 Minuten in Form kurzer Vorträge, Podcasts oder Erklär-Videos.

Weitere tolle Formate wie **Fuck up Nights, Working out Loud (WOL)** oder **Hackathons** bieten Mitarbeitenden kollaboratives Lernen und Austauschen an. Jede Organisation muss da einen passenden – nachhaltigen! – Weg finden, welche Formate und wie viele Sinn machen. Seid auch mutig genug, ein neues Format zu kreieren. Es geht weniger um die Methode als vielmehr um den Austausch.

Denn noch mal: Ziel ist es, die Mitarbeitenden in selbstorganisierte Prozesse zu bringen, indem man sie unterstützt sich auszuprobieren.

3.2.4 Ausbilden von Transformation Coaches

Ein weiterer wichtiger Schritt ist es, Menschen in der Organisation zu finden, die Lust haben, Gruppen als Agile Coach zu begleiten und damit die Transformation zu unterstützen. Ideal finden sich diese Kolleg:innen im Rahmen der Initiativen, da sie bereits erste Erfahrungen in der Transformation gesammelt haben.

Es gibt viele Anbieter solcher Ausbildungen zum Agile Coach. Auch hier wird mit Zertifikaten und Teilnahmebestätigungen um sich geworfen. Es empfiehlt sich, die Mitarbeitenden intern auszubilden, in auf die Organisation und die Bedürfnisse angepassten Formaten.

Inhaltlich sollten weder Methoden noch Coaching im Vordergrund stehen. Die gesunde Mischung macht es, also muss sie auf die Organisation abgestimmt sein. Welche kulturellen Schwerpunkte sollen gesetzt werden? Was sind die ersten Transformationsziele? Welche Verantwortung haben die Agile Coaches? Etc.

Exemplarisch zeigt Abbildung 29 ein Basisprogramm, das ich mit einem meiner Kunden umgesetzt habe. Das Augenmerk lag auf eine »breiten« Wissensvermittlung, um die unterschiedlichen Grundlagen zu verstehen.

1. Modul: Agile Basics	2. Modul: Methodenkoffer	3. Modul: Agile Coach
• Grundlagen Agiles Arbeiten • Scrum Basics • Rolle des Agile Coach	• Moderation und Leitung von agilen Teams • Methodenkoffer • Aufgabe: Retro selbstgestalten	• Systemisches Denken und Gruppendynamik • Agiles Arbeiten in der Praxis: Learnings • OKR Basics
4. Modul: New Work	5. Modul: Psychologische Sicherheit	6. Modul: WRAP UP
• Grundlagen systemischer Theorien und deren Anwendung in der Praxis • Methoden der New-Work-Szene • Aufgabe: Was kann New Work bei uns bedeuten?	• Betrachtung des Konzepts Psychologische Sicherheit • Erarbeiten von Maßnahmen für die Organisation • Speed Coaching (Einzelgespräche)	• kollegiale Fallberatung • Mindmap: Was braucht die Organisation an weiteren Maßnahmen für New Work? • Speed Coachings unter den Teilnehmer:innen

Abb. 29: Exemplarische Darstellung der Ausbildung zum Agile Coach

Ich persönlich lege Wert darauf, Wissen so zu vermitteln, dass theoretische Grundlagen a) greifbar und b) schnell in die Praxis transferiert werden können. Teilnehmende sollen wissen, was
die Wissenschaft weiß, und theoretische Modelle sowohl verstehen als auch in der Praxis anwenden können. Als Beispiel das Modul »Psychologische Sicherheit« – hier wird das Konzept
veranschaulicht, aber zugleich muss die Gruppe Lösungen erarbeiten, um psychologische Sicherheit in ihre New-Work-Story zu integrieren und nachhaltig zu etablieren. Daraus entstehen
manchmal richtige Initiativen, weil man bspw. merkt, dass die Führungskräfte Schwächen in
ihrer Art zu kommunizieren haben.

Außerdem achte ich darauf, jedes Mal Übungen für das praktische Handeln als Agile Coach mit-
zugeben, bspw. das Beobachten von Gruppendynamik, die Reflexion des eigenen Handelns
oder das Erarbeiten von Flip-Chart-Skills, um besser malen zu können.

Ebenso versuche ich, persönliches Coaching anzubieten, um die einzelnen Persönlichkeiten auf
ihre Rolle bestmöglich vorzubereiten. Das wirkt aufwendig, macht aber Sinn. Denn die ersten
Agilen Coaches sind in der Regel diejenigen, die diese Ausbildung dann an andere weitergeben.

3.2.5   Ablauf der *Transformation*-Werkstatt

Nun kommen wir zum Großgruppenformat. Es speist sich inhaltlich aus einer Mischung von World-Café, Open Space und Real Time Strategic Change (RTSC, Strategischer Wandel in Echtzeit).

Als ein Vorgehen, das alle Mitarbeitenden in den Transformationsprozess miteinbezieht, hat die *Transformation*-Werkstatt keine Obergrenze an Teilnehmer:innen. Sie kann in Präsenz, aber genauso online stattfinden.

Kommen wir zum Format!

Lade alle deine Mitarbeitenden ein, an drei Tagen die Organisation weiterzuentwickeln, und zeige ihnen das Vorgehen.

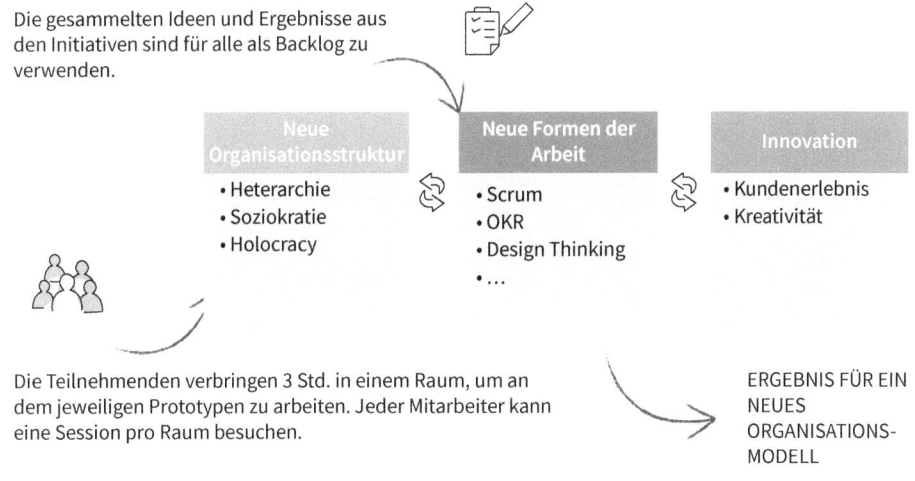

Abb. 30: Vorgehen der Workshoptage

An **drei verschiedenen Tagen** werden Mitarbeitende eingeladen, an unterschiedlichen Themen mitzuarbeiten. Hierfür gibt es **Themenräume**, zumeist 3–5. Beispielhafte Räume waren: Führungskultur, neue Formen der Arbeit, Organisationsmodelle, Innovation usw. Die Themen stammen aus den Initiativen und vor allem aus den gewonnenen Erkenntnissen. Daraus wird ein **Backlog gestaltet in Form von offenen Fragen**: Es gilt, im Verlauf der drei Tage selbständig Fragen auszusuchen und diese bis zur vollständigen Antwort zu erarbeiten. Als Beispiel: Welche Werte sollte unsere Organisation leben und wie werden diese in unserem Handeln im Alltag sichtbar?

Jeder Raum hat einen **Raum-Coach**. Dieser führt kurz in das Thema ein, zeigt den bisher erarbeiteten Stand auf und unterstützt die Gruppe in ihrer eigenständigen Weiterentwicklung des Themas. Wichtig ist, dass man den Raum nur einmal besuchen kann. Also pro Thema kann man einmal mitmachen! **Das sind die sogenannten Sessions. Sie dauern drei Stunden und es finden pro Raum und Tag zwei davon nacheinander statt.**

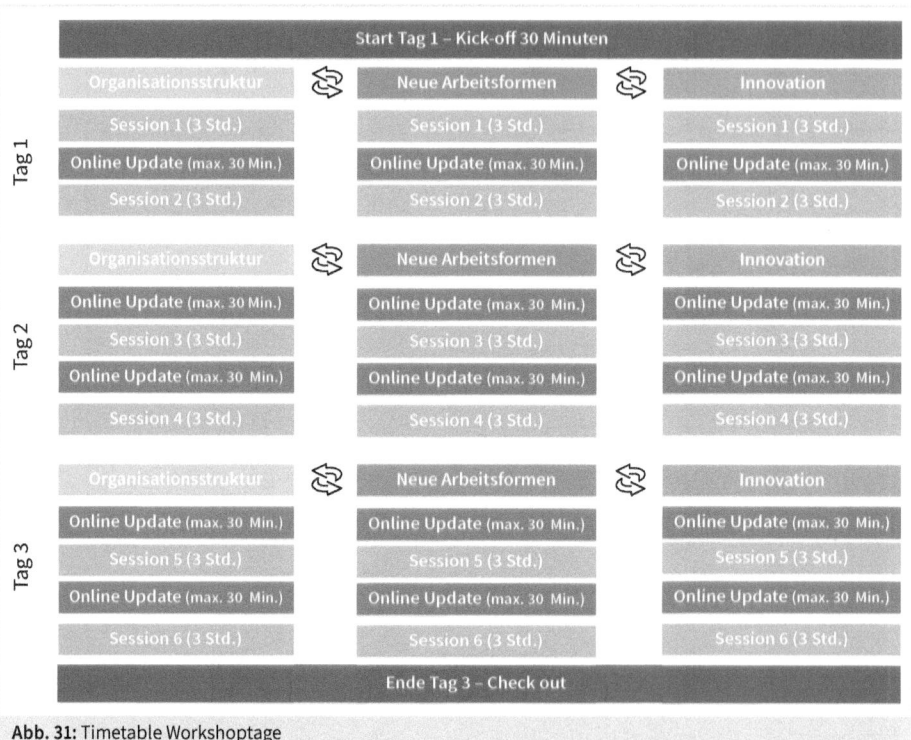

Abb. 31: Timetable Workshoptage

Nach jeder Session findet ein **30-Minuten-Online-Update** für Alle statt. Das heißt, jede(r) kann sich dazu schalten, auch wenn man gerade nicht in einer Session war. Hier stellen die Räume kurz und prägnant vor, mit welcher Frage sie an den Start gegangen waren und wie ihre Antwort in Form eines »Prototypen« aussieht.

Die Gruppe, die *nach* einer jeweiligen Session in den Raum kommt, muss an die Vorarbeit der vorigen Gruppe anknüpfen, darauf aufbauen (laterales Denken) und weiter an dem Thema arbeiten. Quasi Mindmapping für Profis!

Kleine Tipps:
- Es empfiehlt sich, maximal zwei Sessions pro Tag durchzuführen, wie in Abbildung 31 dargestellt.
- Ich gebe den Räumen immer vorgearbeitete Powerpoint- oder Online-MURAL-Vorlagen, die methodisch helfen, Diskussionen zu führen.

Was solltest du beachten?

- Über verschiedene Kanäle die Mitarbeitenden zum Mitmachen ermutigen und das Konzept und Vorgehen darstellen.
- Pro Raum gute und ausreichende Fragen als Backlog vorbereiten und während den Sessions darauf achten, dass diese nicht oberflächlich bearbeitet werden. Es soll erst eine neue Frage »genommen« werden, wenn auch eine Lösung der bereits »angepackten Frage« gefunden ist.
- Die Raum-Coaches sollten aus den Initiativen stammen oder idealerweise die Agile Coaches sein.
- Pro Raum sollten maximal acht Personen teilnehmen. So bleibt die Gruppe arbeitsfähig.
- Die Teilnehmer:innen melden sich selbständig für eine Session an. Beachte: Pro Thema darf ein(e) Teilnehmer:in nur einmal teilnehmen. Bei drei Räumen somit an drei Session.

Nach drei Tagen folgt Tag 4 – aber was passiert nun?

Der vierte Tag gilt dem Konsolidieren. Alle Ergebnisse werden von einem vorher abgestimmten Projektteam von maximal zehn Personen zusammengetragen. Ideal: eine Mischung aus Management, Agile Coaches und Mitarbeitenden. Im zweiten Schritt werden die entstandenen Prototypen geclustert. Das Cluster kann als Transformation Backlog betrachtet werden. Es werden alle Prototypen und Lösungsvorschläge eingetragen, anschließend priorisiert und gemeinsam entschieden, was als erstes pilotiert werden soll. Maximal 3–5 Piloten, sodass es übersichtlich bleibt.

Vergiss nicht, den Prozess des vierten Tages mit allen Mitarbeitenden zu teilen. Mach Fotos von dem Workshop und am Ende noch, wenn möglich, ein kurzes Video mit dem Ergebnis. Stelle es allen Mitarbeitenden zur Verfügung. Und rufe auch hier wieder aus, wer Lust hat, an den ersten Piloten teilzunehmen.

3.2.6 Projektieren und Lernen

Die Piloten sind gefunden und das Projektteam pro Pilot steht. Nun wird es richtig spannend, denn es geht darum, schrittweise und schnell Anpassungen an der Organisation vorzunehmen!

Das Ziel dieser Phase ist es, einerseits neue Arbeitsmethoden aus der Scrum-Welt, dem Design Thinking oder Lean in den Piloten auszuprobieren und an die Organisationswelt anzupassen; außerdem die gesammelten Ergebnisse der vorigen Phase in die Organisation zu übertragen.

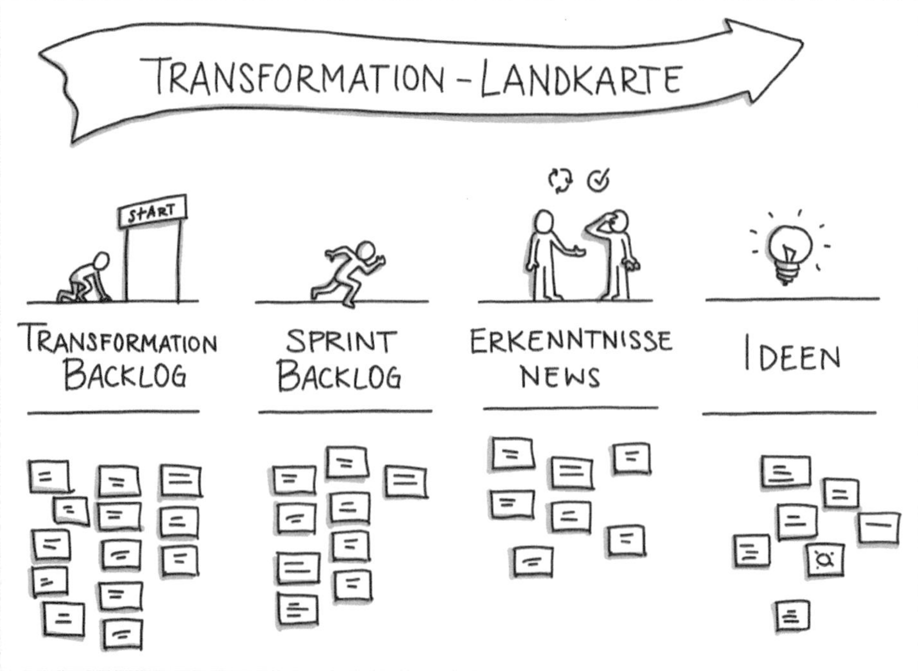

Abb. 32: *Transformation*-Landkarte

Bringt hierfür digital oder in einem Gemeinschaftsraum eine große *Transformation*-Landkarte an. Ganz rechts befindet sich Platz für neue und weitere Ideen, die Mitarbeitende mit einem Post-It drankleben können. Daneben ist ein Transformation Backlog mit den bereits bestehenden Vorschlägen. Dann folgt ein Sprint Backlog, der aufzeigt, welche Piloten aktuell laufen. Diese sollen wiederum nach all ihren Retros die Erkenntnisse und News auf die Fläche kleben. So ist jeder, der möchte, up to date und kann jederzeit teilnehmen, falls der eine oder andere zurückhaltende Kollege etwas länger braucht.

Wie bereits zu Anfang beschrieben, geht es darum, eine lernende Organisation zu gestalten. Daher sind folgende Elemente aus der Scrum-Welt spannend für den aktuellen Prozess.

Die Piloten sollten alle einen Agile Coach und ein Team von bis zu maximal zwölf Personen darstellen. Zu Beginn definiert **jedes Pilot-Team ein Pilot-Ziel**. Darauf wird dann ein **Pilot Backlog** erstellt, das dann die Sprints-Ziele speist. Es macht Sinn, Sprints, Backlogs, Planning-Meetings und Retrospektiven aus der Scrum-Welt zu nutzen – ideal angepasst auf die Organisation. In den Sprints werden dann nach und nach Ideen und Prototypen zu konkreten Handlungen, Prozessen oder neuen Formen der Arbeit erstellt. Selbstorganisiert von den Mitarbeitenden! Ob ein neues Gehaltsmodell, eine neue Organisationsform, neue Services für Kund:innen: Es gibt keine Grenze. Die Erfahrung zeigt, dass nur die Freigaben die Grenze sind, wenn das Management doch nicht so selbstbestimmte Mitarbeitende haben möchte.

3.2.7 Nachhaltige Prozessgestaltung

Wo bleibt der Big Bang? Auch eine sehr beliebte Frage meiner Kund:innen, wenn sie die Transformation begonnen haben. Denke daran: Change ist out! Mit der *Transformation*-Landkarte und den stetigen neuen Ideen kommen auch immer wieder neue Piloten zustande, sodass deine Organisation nachhaltig und aus sich selbst heraus wächst. Sorge dafür, dass unterschiedliche Formate immer wieder stattfinden (mal kleinere, mal Großgruppen-Prozesse), die immer wieder zum Lernen und Weiterentwickeln anregen.

Jeder Pilot hat eine unterschiedliche Dauer. Die Gruppe weiß, wann ihr Ergebnis so weit ist, dass es in die Organisation übertragen werden kann. Es geht um Vertrauen. Also schenke es deinen Kolleg:innen. Sie werden das aus ihrer Sicht Bestmögliche daraus machen.

4 Scheiterst du schon?

Wir erschrecken über unsere eigenen Sünden, wenn wir sie an anderen erblicken.
Johann Wolfgang von Goethe

Als Leser:in von diesem Buch weißt du sicher auch, dass es immer die anderen sind, die Fehler machen, nicht? Man selbst hat es einfach »drauf«. Die sokratische Einsicht »Ich weiß, dass ich nichts weiß« und die damit verbundene Demut besitzen die Wenigsten. Ein gesundes Selbstbewusstsein ist gut, sogar wichtig. Aber fehlendes Bewusstsein der eigenen Schwächen sorgt wiederum dafür, dass wir nicht in der Lage sind zu lernen. Und auch da passt ein Spruch: »Hochmut kommt vor dem Fall«!

Keine Sorge, es ist erstmal genug mit den Sprüchen. Aber in diesen klugen Sätzen, die wir gern in unserem Alltag gebrauchen, steckt meist eine schlaue Bauernweisheit oder bspw. eine aus der griechischen Mythologie. Von Menschen, die bereits gelernt haben, dass wir Menschen auch Schwächen haben. Diese Schwächen sorgen für Gefühle.

Im Kapitel »Frust statt Lust« haben wir Erwartungen besprochen und die damit verbundenen Wünsche. Wie oft kommt es vor, dass diese nicht erfüllt werden? Etwa, wenn wir auf eine Beförderung warten und es ein anderer wird. Was folgt, ist die Eifersucht.

Oder unser Wirtschaftsleben. Da herrscht selten Zufriedenheit. Es geht stetig um Wachstum, aber das schlägt schnell um in Habgier. Es gibt nach wie vor Unternehmen, die ihre Mitarbeitenden in deren »produktiven Jahren« wie eine Zitrone »auspressen«, Überstunden verlangen, die sogenannte Extrameile beschwören, um noch mehr Profit zu machen.

Erwartungen haben also auch ihre Schattenseiten. Diese beleuchten wir allerdings viel zu selten. Und gerade der Umgang mit den Schattenseiten, von der persönlichen Ebene bis hin zur organisationalen, trägt dazu bei, wie unsere Unternehmenskultur ist.

Um New Work ganzheitlich zu leben, zu hinterfragen, ja sogar das Konzept überhaupt in die Praxis zu transferieren, bedarf es mehr Bewusstsein für menschliches Versagen. Und wieviel wir noch zu lernen haben, um überhaupt in der Lage zu sein, unsere Arbeitswelt zu revolutionieren.

Wir werden uns nun mit den Schwächen beschäftigen. Was bremst neues Arbeiten, nicht nur strukturell, sondern kulturell? Warum nützt ein OKR-System wenig, wenn der Mitarbeiter immer noch an einem Jahresziel gemessen wird und sein Geld verdient? Warum macht eine viel zu schnelle Transformation à la Scrum noch keine Führungskraft zum coachenden Scrum Master? Was verführt uns zu den von Kim beschriebenen »Anti-Patterns«?

Es geht hier nicht darum, alles schlecht zu reden. Aber auch nicht darum, sich vorzumachen, dass wir wirklich schon New Work leben. Das wäre sehr vernebelt von uns allen. Es ist viel zu tun. Und dieses Kapitel zeigt auf, welche Fragen wir uns zusätzlich noch stellen sollten.

4.1   Die fünf New-Work-Sünden

Das Telefon klingelt, eine Organisation mit Wunsch nach Veränderung ist auf der anderen Seite der Leitung. »Was ist Ihr Ziel?« »Wir wollen innovativer werden, daher möchten wir gerne Design Thinking etablieren, bieten Sie so etwas an?«

So ein Telefonat, das heute in Teams, Zoom und Co stattfindet, ist der Klassiker. Man hat einen Wunsch, ein mögliches Ziel, aber man denkt, ein *Werkzeug* kann das lösen. Natürlich ist es besser, eine Methode zu probieren und daraus zu lernen. Es wird sicher etwas kreativer zugehen, aber das eigentliche Problem wird nicht betrachtet und hinterfragt: warum denn die Mitarbeitenden wenig *eigene Ideen* entwickeln.

Anderes Telefonat, andere Zeit. »Wir brauchen eine Fehlerkultur und dachten dabei an Fuckup Nights.« Auf meine Frage an der Stelle: »Was erhoffen Sie sich davon?« ist die Antwort einseitig und oft die gleiche: »Wir wollen lernen!« Allerdings wird bei weiteren Fragen hierzu schnell klar, man möchte eher »fancy« sein – ausgefallen und schick. Und die Führungskräfte nehmen selten teil, es soll ja etwas für die Belegschaft sein.

Im Verlauf dieses Buch haben wir viele solcher Stories gesammelt, Lösungen betrachtet und zu Anfang die »Lüge« rund um Agilität verstanden. Was fehlt uns noch?

Das Wissen um menschliches Versagen, um die Grenzen, die wir als Organisation schlichtweg haben, und um die Verschleierung all dessen. Nicht jedes Ziel ist wirklich ernsthaft gemeint oder wenn doch, wird es nicht ernsthaft umgesetzt. Solches Verhalten unterliegt verschiedenen Mustern, die ich an dieser Stelle »New-Work-Sünden« nennen möchte. Diese Instabilität, dieses fehlende kongruente Verhalten kommen regelmäßig vor. Dafür gibt es unterschiedliche Gründe, die letztendlich dazu beitragen, dass deine Organisation die stetige Veränderung am Markt nicht überleben kann.

Die Studie »Deutscher Change Readiness Index« der Staufen AG und der Digital Neonex GmbH aus dem Jahr 2019 bringt es indirekt auf den Punkt: Der Wille zum Wandel ist da, allerdings tun sich viele noch schwer mit ihrer Wandlungsfähigkeit. Viele glauben, es sei leichter, eine neue Unternehmens- und Führungskultur zu schaffen, als neue Strukturen zu etablieren. Allerdings schaffen sie es auch nicht wirklich, seit der gleichnamigen Studie aus 2017, die Kultur zu verbessern. Eher im Gegenteil, wenn man sich Gallup anschaut: Seit 2001 untersucht Gallup jährlich den Grad der emotionalen Bindung der Arbeitnehmer:innen in Deutschland. Laut der aktuellen Studie aus 2019 haben lediglich 15 % der Beschäftigten in Deutschland eine emotionale Bindung zu ihrem Arbeitgeber. 69 % fühlen sich nur wenig gebunden und machen Dienst nach Vorschrift. Die restlichen 16 % und damit fast sechs Millionen Beschäftigte haben gar keine emotionale Bindung zu ihrem Unternehmen und haben innerlich gekündigt.

Die Aussage dahinter: *Organisationen müssen sich bewusstmachen, dass das Verhalten von Führungskräften und dem Management einen erheblichen Einfluss auf die Unternehmenskultur hat. Denn emotionale Bindung wird im unmittelbaren Arbeitsumfeld erzeugt!*

Also lass uns anschauen, welches Verhalten alles andere als förderlich ist, wenn man New Work ernst meint! Aus vielen Gesprächen mit Mitarbeitenden wird deutlich, dass noch mehr Unzufriedenheit entsteht, wenn man *so tut,* als ob New Work gelebt wird. Denn das gleicht einer Lüge und schürt wegen der Erwartungen, die nicht erfüllt werden, noch mehr Frust.

4.1.1   Habgier

Wer den Gelderwerb zum Ziel seines Lebens mache, hätte den Sinn des Lebens nicht verstanden, wusste schon Aristoteles.

Im Mittelalter wurde Habgier von der Kirche zu einer der sieben Todsünden erklärt. Es war also eine Frage der Zeit, dass wir irgendwann in der Neuzeit das menschliche Versagen in Form der Finanzkrise erfahren würden. Hätten wir uns nur warnen lassen … andererseits war die Kirche nicht ganz unbeteiligt an dem Spektakel, zumindest, als es damals darum ging, Steuern einzusammeln.

Aber woher kommt habgieriges Verhalten?

Je mehr Ressourcen unsere Vorfahren gesammelt hatten, umso höher waren ihre Überlebenschancen und die Möglichkeit auf Fortpflanzung. So ist der moderne Mensch nun mal mehr Neandertaler, als es den meisten lieb ist. Der Trieb in uns obsiegt! Studien besagen, je größer die Bedeutung materieller Werte innerhalb einer Gesellschaft ist, desto ausgeprägter ist die Gier. Wie gierig wir als Person wahrgenommen werden, hängt aber auch von der Bewertung durch unser soziales Umfeld ab (Grundmann 2017). Boaz Weinstein und seine Gefährten empfanden ihr maßloses Streben nach Milliarden wahrscheinlich nicht als allzu gierig.

Und auch in Deutschland scheinen die Menschen gierig zu sein. Die Verhältnismäßigkeit ist ins Schwanken geraten. Während man in der Coronakrise glaubt, ein Beifallklatschen auf dem Balkon richte die Probleme einer Pflegekraft und deren Gehaltssituation, wollen doch auch viele Gutsituierte mehr Gehalt oder die Karriereleiter erklimmen. Ambitionierte Ziele sind zwar gut, sogar sehr gut. Aber welchen Sinn verspreche ich mir davon, mehr zu verdienen oder eine höhere Position innezuhaben? Was macht Lebensqualität aus?

Auch zahlreiche Organisationen wollen trotz ihrer guten Situation wachsen, noch mehr Geld verdienen und die Konkurrenten abhängen. Die Gier ist scheinbar der unverzichtbare Antrieb unserer kapitalistischen Gesellschaft. Aber würde die Wirtschaft tatsächlich stillstehen, wenn jeder plötzlich zufrieden mit dem wäre, was er hat?

Bei all dem Streben nach Erfolg und Gewinn verlernen wir, Werte und Momente in deren Wichtigkeit wahrzunehmen. Beispielsweise den Wert der Zeit.

Der Vater, der ewig schuftet, ursprünglich mit dem Ziel, seine Familie zu ernähren – und dann hat er doch Lust auf Karriere. Das Problem: Er ist so viel im Büro, dass er seine Kinder nicht aufwachsen sieht. Die Mutter, die nach der Elternzeit zurück zur Arbeit kommt und sich zwischen Kindererziehung und Job zerrreißt. Die junge Frau, die sich in ihren ersten Jahren als Beraterin mit 80 Stunden/Woche (wenn das reicht) kaum noch um ihre Gesundheit kümmert und fünf Jahre später auf ihr Leben und die vermeintliche Karriere zurückblickt, die ihr 10 kg mehr auf den Rippen beschert hat, ganz zu schweigen von den Schlafproblemen.

Die Organisation, die das oben beschriebene Verhalten ihrer Mitarbeitenden fördert und dabei deren Kreativität und Ideenreichtum gegen permanente Erreichbarkeit und Deadlines eintauscht.

Abb. 33: Habgier

Was wäre, wenn wir es schaffen, eine gesunde Wirtschaft zu etablieren?

Etwa die zu Beginn als Alternative zu herkömmlichen Wirtschaftsformen bejubelte, mittlerweile von verschiedenen Branchen als existenzielle Bedrohung ihrer Daseinsberechtigung gefürchtete Sharing Economy. Unter dem Begriff werden Geschäftsmodelle, Online- sowie Offline-Plattformen, aber auch Gemeinschaften zusammengefasst, die den Nutzern das Teilen von Gütern, Dienstleistungen oder Informationen erlauben. **Statt etwas zu besitzen, rückt das Benutzen in den Vordergrund.** Oder bspw. die von Christian Felber dargelegte Gemeinwohl-Ökonomie mit dem Ziel, ein **ethisches Wirtschaftsmodell zu etablieren, in dem das Wohl von Mensch und Umwelt Priorität hat.** Oder das weiter oben von Sinisa beschriebene bedingungslose Grundeinkommen als Teil einer neuen Arbeitswelt.

Eine sehr heiß diskutierte und spannende Idee gibt uns der Volkswirt Giacomo Corneo mit seinem Buch »Bessere Welt« (2014). Er ist nach wie vor davon überzeigt, dass Individuen von Eigeninteressen geleitet sind, ebenso von der Effizienz des Marktprinzips. Und dennoch zeigt er ein Modell auf, das dem Kapitalismus von heute an den Kragen will.

Corneo nennt es Aktienmarktsozialismus. Der Staat ist Haupteigentümer jedes börsennotierten Unternehmens. Daneben existieren viele kleine Privatfirmen. Die Idee geht weiter, denn der Staat bildet mit den erworbenen Aktien ein diversifiziertes Portfolio und verteilt die Dividenden an die Bürger:innen. So kann jede und jeder – unabhängig von den persönlichen Vermögensverhältnissen – von den Renditen der Unternehmen profitieren.

Ich könnte nun mit dir, liebe(r) Leser:in, weitere Stunden für die Diskussion dieser und anderer wirtschaftlicher Alternativen verwenden. Auch wie menschliches Verhalten dazu beiträgt, *ungesund* zu wirtschaften und zu leben.

Doch in diesem Buch werden wir keine Antwort für das Große und Ganze finden. Aber womöglich für dich.

Was haben wir hieraus mitgenommen? Was haben wir besprochen und welche Erkenntnisse lassen sich daraus ableiten? – Wahrscheinlich ganz unterschiedliche, sodass ich dir hier ein paar Fragen lasse, um über diese Zeilen zu reflektieren. Für deine ganz persönliche (Arbeits-)Welt:

Reflexionsbox

Persönliche Ebene:
- Ist dein Beruf auch deine Berufung? Oder geht es dir um das Gehalt am Monatsende?
- Hast du dir dein Leben so, wie du es führst, vorgestellt?
- Macht dich all das, was du besitzt, wirklich glücklich?
- Agierst du nach deinen Werten privat und geschäftlich?

Organisationsebene:
- Sorgt dein Gewinnstreben für eine zukunftsfähige Unternehmensführung?
- Gibst du Raum für Innovation, in dem Kreativität über Deadlines steht?
- Erhalten deine Mitarbeitenden Zeit, um neben dem *daily business* Ideen zu kreieren oder sich fortzubilden?
- Hast du schon mal einen Wettbewerber zu deinem Partner gemacht, also echte Co-Creation ermöglicht?
- Denkst du an Gewinn oder an deinen Kunden und echten Mehrwert?

Es gibt inzwischen viele interessante Beispiele dafür, dass Organisationen, die Mitarbeitenden mehr Freiraum schenken, oft produktiver sind. Ebenso dafür, dass die nur nach Gewinn strebenden meist weniger innovativ sind und solche, die eher den Kunden und Innovationen im Fokus haben, durch die Decke gehen. Schon Schumpeter (1912) zeigte auf, dass es weniger das Gewinnstreben als vielmehr die Leidenschaft und Hingabe der Gründer sind, die Organisationen erfolgreich werden lassen. Von diesen Gründergeschichten hatten wir früher reichlich. Denken wir nur an Daimler.

4.1.2   Hochmut

Vom Versagen der Manager:innen darf kaum gesprochen werden. Und eigentlich machen sie doch alles richtig. Wieso sollten Mitarbeitende wissen, wie das Problem zu lösen ist, wie sollten sie die Verantwortung tragen können? Die wären gar nicht in der Lage, meinen Job zu machen. Oder?

Das Problem?

Der Hochmütige begreift sich nicht mehr als Teil eines großen Ganzen. Er fühlt sich seinem Umfeld überlegen und gibt sich seinem Narzissmus gerne hin. Das äußert sich, indem solche Personen meinen, alles steuern und beherrschen zu können. Dem Hochmütigen fehlt die Demut: das Bewusstsein der eigenen Grenzen und eine gesunde Einschätzung der eigenen Fähigkeiten. Das Leben im Elfenbeinturm hat aber seine Tücken, denn wer nur noch von Bewunderern umgeben ist, leidet unter einem mächtigen Realitätsverlust. Ein Scheitern ist dann absehbar, denn Hochmut kommt – noch mal – vor dem Fall.

Ein Mitarbeiter sagte kürzlich in einer Zoom-Session: »Weißt du, ich kenne nur ›Ober sticht Unter‹«. Da ist es nicht verwunderlich, dass es keinen offenen Austausch gibt. Es dem Chef recht zu machen wird quasi überall, vom leitende(n) Angestellte(n) bis ins obere Management, gelehrt. Sonst kommt man nicht weiter. Und alles nur, weil irgendwann ein ganz schlauer Chef dachte, es alles besser zu wissen, keine andere Meinung hören wollte und selbst alle Entscheidungen fällte. Diese Marotte aus den Köpfen der Belegschaft zu bekommen ist ein echter Kraftakt im Kulturwandel. Der Mut ist verloren, das Vertrauen missbraucht.

Allerdings ist hochmütiges Verhalten ein extrem wackeliges Konstrukt. Denn es zeigt eigentlich eine ganz andere Not: die Abhängigkeit von anderen und von deren Bestätigung. Man braucht deren Spiegel, um sich abheben und erheben zu können.

Der Hochmütige und damit auch Überhebliche ist in Wahrheit abhängig von jenen, die in seinen Augen kleiner oder schlechter sind, um sich überlegen zu fühlen.

Was wäre der Gegenentwurf?

Demut.

Demut ist die Voraussetzung, um eine Kultur der Menschenwürde in Organisationen zu etablieren und zu leben. Demut schützt eine Führungskraft davor, übermütig zu werden und sich zu überschätzen. Demut erdet, was einem Unternehmen dienlich sein kann. Wer demütig ist, wird auch eher geneigt sein, seinen Mitarbeitenden mit Respekt zu begegnen und deren Expertise anzunehmen. Wer demütig führt, gesteht sich Fehler ein, ist menschlich. Wenn Mitarbeitende ihre Führungskraft als demütig und fehlertolerant erleben, bauen sie Vertrauen auf, die schon beschriebene psychologische Sicherheit als Basis. In einer globalisierten Welt, in der Unternehmen weltweit konkurrieren, ist es essenziell, eine offene Kultur zu leben, in der unabhängig von Rang und Namen ein Diskurs stattfindet – immer mit dem Ziel, die Organisation voran zu bringen.

Eine Idee zum Schluss: Frage doch mal deine Mitarbeitenden, wie sie dich sehen. Was sie in deiner Rolle anders machen würden. Wie sie die Organisation führen würden.

4.1.3 Eifersucht

Ein Begriff, den wir eher im Privaten verorten und mit der Liebe verbinden: Eifersucht. Dass sie aber gerade im Job vorkommt, möchten die meisten nicht wahrhaben. Doch immer wieder schleichen sich die Gedanken ein, wieso der Kollege schneller befördert wurde, obwohl ich doch mehr leiste. Oder wie offensichtlich die Kollegin immer wieder gelobt wird, während man selbst danebensteht und ihr das nicht gönnt.

Viele reagieren darauf mit kleinen Sticheleien oder verbreiten die neueste Geschichte auf dem Flurfunk, dass die Kollegin sich bestimmt hochgeschlafen hat oder der neue Kollege, der so schnell befördert wurde, nun mal im Arsch des Chefs steckt.

Aber wieso haben wir das überhaupt nötig? Wenn man sich mit Eifersucht beschäftigt, empfehlen einem viele Karriereberater:innen in ihren Blogs oder Interviews, dieses Gefühl positiv zu nutzen. Denn es weckt ja den Ehrgeiz in uns, auch erfolgreich sein zu wollen.

Was ein Käse!

Genau dieses Problem sorgt für die sogenannte »Politik« in Unternehmen, das Machtstreben, sich beweisen zu müssen, und das ist nun mal das komplette Gegenteil von Zusammenarbeiten. Es geht darum, sich zu positionieren, eben schneller die Beförderung, das Lob und die

Anerkennung einzuheimsen. Selbst in New-Work-Prozessen erlebe ich, dass ein(e) Chef:in die Transformation schneller treiben will als der oder die Verantwortliche des anderen Bereichs.

Da sind wir also auf dem Weg Richtung »New Work« (zumindest dem, was wir aktuell darunter verstehen) und verändern unser Verhalten kaum.

Auch hier spielt uns die Evolution mal wieder ein böses Spiel. Denn wir sind von Natur aus futterneidisch. Das ist psychologisch begründet. Wir vergleichen uns nun mal gerne – Nachbars Garten und so.

Ich möchte ungern die positive Nutzung von Eifersucht mit dir besprechen, auch wenn ich diese Möglichkeit gar nicht leugne. Eher möchte ich zum Nachdenken darüber anregen, wie überwindbar es ist, eifersüchtig zu sein. Meistens kommt das kostspielige Gefühl Eifersucht nämlich aus einem mangelnden Selbstwertgefühl, schlechter Erfahrung oder der Tatsache, dass das Umfeld wenig vertrauensvoll ist.

Ich möchte dich daher Folgendes fragen:
- Was bringt dir die Eifersucht?
- Wie könntest du mit dem Kollegen freudig zusammenarbeiten, voneinander lernen?
- Bist du je in »den anderen Schuhen« gelaufen, um diese zu be- oder verurteilen?
- Wie wird Eifersucht in deiner Organisation befeuert?
- Und was müsste passieren, dass es mehr Miteinander anstatt Wetteifern gibt?

Neben der eigenen Verantwortung, sich und sein Verhalten zu überdenken, ist es ebenso zu hinterfragen, inwieweit eine Organisation durch Gehalts- und Karrierestrukturen solch ein Verhalten, manchmal auch bewusst, unterstützt. Gerade das Beispiel der Alemannenschule, die kein Klassenzimmer hat, sodass kein Wettbewerb entsteht, sondern Gruppenarbeiten, die das Miteinander fördern, oder q+g mit dem Einheitsgehalt für jede Arbeitskraft als humanistischer Antwort, zeigen, dass es ganz unterschiedliche Antworten gibt, um unsere Konkurrenz-Instinkte systematisch zu überwinden.

4.1.4 Kontrolle

Das Management-Werkzeug der ersten Stunde. Dabei sollten wir inzwischen wissen, dass Kontrolle genau das Gegenteil dessen bei den Mitarbeitenden bewirkt, was wir anstreben: Produktivität. Vielmehr erreichen wir Demotivation!

Dabei könnte es so einfach sein. Immer wieder zeigen Studien, dass Mitarbeitende sich eher durch Teamarbeit oder Kundenforderungen, nicht zuletzt auch durch Wertschätzung und sinnhaften Inhalt selbst motivieren. Äußerer Druck führt dagegen eher zu einem Stress-Zustand.

Gerade zu Zeiten der Covid-19-Pandemie war ich aber immer wieder mit der Frage von Organisationen konfrontiert, »*wie Mitarbeitende kontrollieren?*«

Viele Führungskräfte schilderten mir in Coachings, dass sie gerne ihre Mitarbeitenden *sehen* wollen, sie um sich haben möchten. Einfach wissen, dass sie arbeiten. Und wer sonntags keinen Tatort schaut, konnte spätestens durch Covid-19 selbst in einen persönlichen Krimi verwickelt werden: Nicht wenige Firmen haben während des ersten Lockdowns Detektive auf Mitarbeitende angesetzt. Man wollte wissen, ob gerade Kuchen gebacken wird oder die Arbeiten auch erledigt werden. Die *Zeit* berichtete in einem Artikel darüber, dass eine Frankfurter Detektei 25 Anfragen pro Tag erhalten hatte (Fischermann 2020).

Und nicht zuletzt bietet die Digitalisierung auch vielerlei Möglichkeiten zur Überwachung, denn der Trend zur Mitarbeiterüberwachung bis hin zum gläsernen Personal nimmt zu. Keylogger und Monitoring-Tools erlauben zumindest theoretisch die Kontrolle des Surfverhaltens und der Tastatureingaben. Ist der Mitarbeitende online? Wann hat er zuletzt gearbeitet?

Andererseits haben Organisationen bei Auswertungen zur Produktivität ihrer Belegschaft gesehen, dass Mitarbeitende sogar produktiver waren, wenn *nicht* die ganze Zeit jemand hinter ihnen stand. Ein großer Faktor war dabei die zeitliche flexible Einteilung von Aufgaben im Job und Privatleben.

Das Gefühl von Kontrolle schenkt uns Macht. Die Angst vor Kontrollverlust entspricht wohl dem Wunsch, Situationen der Ohnmacht zu vermeiden und zukünftige Ereignisse zu planen – was dann destruktiv wird, wenn wir meinen, »alles im Griff« haben zu können. Nichts spricht aber gegen unser Bedürfnis nach Selbstbestimmung, aus dem heraus wir versuchen, uns selbst und die »Welt« nach unseren Wünschen zu beeinflussen. Dabei geht es auch um Mitbestimmung, letztendlich sogar um Sinn.

Kontrolle *empfinde ich*, wenn sich etwas nach meinen Erwartungen verhält. Damit hängt der Irrglaube zusammen, »Mitarbeiter:innen, die unter mir arbeiten, kann ich kontrollieren«. Was ist dahinter – Machthunger, Narzissmus, Angst? Jedenfalls gibt es beste Gründe, mit dem Kontrollbedürfnis vorsichtig umzugehen! Es ist sicher kein Zufall, dass Vertrauen auch auf der anderen Seite nicht stattfindet: **In einer Studie von Ernst & Young war das Ergebnis, dass nur 47 % der deutschen Arbeitnehmer:innen ihrer Führungskraft vertrauen** (Marx 2016). Unter anderem, weil Versprechen nicht eingehalten wurden, wegen fehlender oder schlechter Kommunikation sowie Kontrolle in Form von Mikromanagement und fehlender Transparenz.

Konstruktive und realistische Kontrolle entsteht dagegen, wenn gemeinsame Erwartungen vereinbart und eingehalten werden, z. B. in agilen Teams, die selbstorganisiert arbeiten und gut abgestimmt sind. (Ein Gegenteil davon wäre, wenn ich meine Erwartungen und Ideen, wie der Kollege etwas zu erledigen hat, über seine Herangehensweise stelle!)

Kontrolle im besten Sinne entsteht auch, wenn passende Lösungen gefunden und genutzt werden. Gute methodische Rahmenbedingungen unterstützen dabei Entscheidungsprozesse und bieten Transparenz. Alle sind sich einig, nach einem bestimmten Schema vorzugehen, sofern es auch eine Konsensentscheidung war.

Es braucht kein Psychologiestudium, um zu erkennen, dass sich alle Beteiligten in einer vertrauensvollen Atmosphäre wohler fühlen als in einem kontrollierenden Umfeld. Vertrauen ist (dem gleichnamigen Buchtitel Niklas Luhmanns zufolge) »ein Mechanismus der Reduktion sozialer Komplexität«. Wir vertrauen also praktisch auf die Informationen und den Austausch und verwenden weniger Zeit darauf, die Validität einer Information zu hinterfragen oder in einem Küchengespräch das letzte Gespräch mit dem Chef auf seine Richtigkeit zu überprüfen. Dieser wiederum plagt sich nicht mit dem Versuch, zu kontrollieren, ob der Mitarbeitende im Homeoffice lieber rumbummelt, anstatt zu arbeiten. Dementsprechend **verschwenden wir nicht so viel Energie auf Misstrauen.** Gleichzeitig wird uns nicht so viel Misstrauen entgegengebracht, was sich positiv auf unseren Selbstwert auswirkt. Dazu passt, was in den 1960er Jahren von der Sozialpsychologie im sogenannten Rosenthal-Effekt gezeigt wurde, **dass die Erwartungen, die uns entgegengebracht werden, einen großen Einfluss darauf haben, wie wir uns verhalten.** Positive Erwartungen führen zu positiven Leistungen!

Vertrauen lässt sich allerdings nicht »verordnen«, es benötigt Geduld. In vielen Fällen ist es die bessere Alternative zu einer aus Unsicherheit genährten Kontrollsucht. Wir müssen also lernen, den anderen zu sehen. Mit all dem, was zu seiner/ihrer Persönlichkeit gehört. Um dies zu ermöglichen oder zu vertiefen, braucht es Gelegenheiten und besondere Momente. **Also schafft Formate in euren Organisationen, die es ermöglichen, Vertrauen zu entwickeln.** Und bitte – keine künstliche Harmonie!

4.1.5   Ignoranz

Inzwischen müsste es deutlich sein: Wertschätzung und Anerkennung sind nicht nur wichtige Faktoren der Zusammenarbeit, sondern maßgebliche Säulen für die Produktivität und die Identifikation mit der Tätigkeit, der ich nachkomme. Und dennoch schwirrt noch eine sehr verachtende Form der Mitarbeiterführung durch die Organisationswelt:

Ignoranz, das Gegenteil von Wertschätzung, als subtile Form der Kränkung.

Dabei wird gerne die Unterscheidung gemacht, welche Form von Ignoranz zum Tragen kommt: *will* eine Person sich schlichtweg nicht wertschätzend verhalten, fehlt ihr die Fähigkeit dazu, also das Können, oder fehlen ihr Befugnisse und das Gefühl von Grenzen.

In der Kommunikation entsteht Ignoranz oft dann, wenn folgende Anteile vernachlässigt werden: **Zuhören, Zulassen, Nachdenken oder Verstehen** (vgl. Mai, o. J.). Zuhören misslingt oft, weil es voraussetzt, dass jemand sich in den anderen hineinversetzen kann, also empathiefähig ist. Zulassen verlangt, offen gegenüber anderen Ansichten zu sein oder ganz allgemein für Neues. Nachdenken hat mit Respekt und Toleranz zu tun. Und um verstehen zu können, muss man ein gewisses Grundrauschen zwischen beiden Ohren haben, nennen wir es mal Intelligenz.

Und aus den Medien kennen wir ein weiteres spannendes Phänomen der Chefetage: Viele hochbezahlte Top-Manager:innen reden sich nach einem Skandal damit heraus, nichts davon gewusst zu haben. Verdrängung? Leugnung? Auf jeden Fall ein Paradebeispiel für Ignoranz – und das in einer Krisensituation.

Eigentlich ist es schon fast bewundernswert, wie sehr ein Mensch unangenehme Themen verdrängen kann. Natürlich hat es auch Vorteile, wenn unser Gehirn uns auf diese Weise entlastet. Aber im Sinne der Führung in neue Arbeitswelten, der Transformation von Organisationen, damit sie in der Lage sind auf ihre Umwelt zu reagieren, weil die »innere Stärke aus der Belegschaft heraus« gegeben ist, führt das wohl eher zu einem Friedhof gescheiterter Unternehmen.

Durch Ignoranz verpassen wir viele spannende Möglichkeiten:
* Echte Innovationen, weil man dem/der Mitarbeitenden zugehört hat.
* Eine gesunde Unternehmenskultur, weil jeder Einzelne sich gehört fühlt. Eine gute Form der Kommunikation, da Informationen weder zurückgehalten noch verdrängt werden.
* Beidseitiges Feedback wird genutzt, um miteinander zu wachsen, was wiederum zu einer viel produktiveren Arbeit führt, als Mitarbeitende zu ignorieren, sie sogar auszugrenzen.

Was nehmen wir bis hierher mit? – Ignoranz hat viele Gesichter! Daher möchte ich mit den folgenden Fragen anregen, den Ursachen auf den Grund zu gehen. Kulturarbeit fängt beim Hinterfragen des eigenen Führungsstiles und der Führungskultur an.

Think about! – Mittel gegen Ignoranz
* Wie viele Ideen werden im Monat von allen Mitarbeitenden generiert?
* Wie viele dieser Ideen werden umgesetzt?
* Wie oft werden neue Herangehensweisen probiert?
* Wie viel hat die Organisation bisher gelernt? Sich verändert? Warum?
* Welche Formate werden angeboten, um unterschiedliche Meinungen, Lösungen, Vorschläge einzusammeln? Oder organisationales Lernen zu fördern?
* Wie wird Feedback gegeben? Was lernt der Feedback-Nehmer daraus? Empfand er das Feedback als wertschätzend?
* Ist Feedback ein gegenseitiger Prozess? Wie oft erhalten Führungskräfte Feedback von den Mitarbeitenden?

Diese Fragen stellen den Anfang dar und es folgen hoffentlich viele weitere, die dich interessieren werden, wenn du bereit bist zuzuhören!

Soll das New Work sein? Nein und Ja. Was ist New? Neu wäre, wenn diese Fragen ernsthaft reflektiert und daraus echte Lösungen kreiert würden, wie Arbeiten Spaß machen kann. Diesmal bitte keine Kultur-Charta!

Lass deine Mitarbeiter:innen doch bitte an Lösungen mitarbeiten, wie sie *weniger ignoriert* werden – wie also ihre Ideen eine größere Chance erhalten und sie selbst zu echter Wertschätzung kommen. Statt »Unwissen und Unwillen heiraten« zu lassen (nach Mai), halte dich lieber an Daniel Kahneman: »Unsere beruhigende Überzeugung, dass die Welt einen Sinn hat, ruht auf einem sicheren Fundament: unserer beinahe unbegrenzten Fähigkeit, die eigene Unwissenheit zu ignorieren« (Kahneman 2011, S. 249).

4.2   Lass es einfach sein!

Kommen wir nun zu einer Eigenschaft, die dir am meisten schaden kann: Unehrlichkeit.

Hand aufs Herz: Bei all dem, was du hier gelesen hast, denkst du dir an der ein oder anderen Stelle bestimmt: »Mensch, was ist denn neu an alldem, was hier beschrieben wird?« Hm, womöglich steckst du selbst in der Ignoranz-Falle? Aber es kann auch sein, dass du dich selbst für einen totalen New-Work-Guru hältst oder deine ganze Organisation ganz hippe Rituale pflegt und dementsprechend total open-minded ist. Aber wenn die Mitarbeitenden sich trotzdem nicht gehört fühlen und es sogar als nervig empfinden, all diese Methoden und autonomen Formate zu bedienen, wenn stattdessen gerade ein stinknormales Coaching-Gespräch helfen würde ...?

Abb. 34: Ehrlich

Lass uns ein letztes Mal gemeinsam durchatmen, reflektieren und einfach nur ehrlich sein.

Es geht nun darum, deine persönliche emotionale Intelligenz zu aktiveren. Nach Daniel Goleman (1997) gibt es fünf wesentliche Merkmale emotionaler Intelligenz:

- Selbstwahrnehmung
- Selbstregulierung
- Empathie
- Motivation
- soziale Kompetenz

Lass uns gemeinsam ein paar dieser Merkmale betrachten und wenn du nur *einmal* haderst, dir denkst, mmhh nein, das mache ich nicht, dann sind wir bei der Ehrlichkeit angekommen, dass deine Veränderungsbereitschaft nun mal wenig mit New Work zu tun hat und du es einfach lassen solltest. Was nebenbei auch völlig ok ist! Vor allem in dem Fall authentisch!

Unter Selbstwahrnehmung wird verstanden, sich selbst mit allen Bedürfnissen, Gefühlen, Stimmungen, aber auch Kompetenzen wahrzunehmen. Auch im Umgang mit der Umwelt. Das klingt erstmal recht einfach, aber stell dir mal vor, du bist in einer hitzigen Diskussion, du wurdest getriggert, bist wütend und dann sollst du dich noch wahrnehmen, am besten aus der Situation rauskommen? Da sind wir jetzt schon bei der Selbstregulierung. Also bei der Fähigkeit, deine eigene Gefühlwelt zu beruhigen und deine Impulse zu steuern.

Und unter uns. Das klappt nicht immer, geschweige denn wollen wir das immer. Wir mögen unsere Meinung und Sicht der Dinge. Das gibt uns ja auch Orientierung.

Was tun?

Reflektieren und von anderen lernen. Du kannst dich selbst in solchen Situationen besser wahrnehmen, in dem du dir öfter zuhörst – und höre natürlich auch deinem Gegenüber zu. So lernst du, dich und die Umwelt in Einklang zu bringen. Das berührt dann wieder das Thema Empathie. Dazu wäre auch ein guter Tipp, sich mal hinzusetzen und zu überlegen, was mich selbst ausmacht, aber auch, was mich triggert und womöglich auch ziemlich eklig werden lässt. Das machen wenige Menschen. Ist zu unbequem, stimmt's?

Aber hier fängt New Work an! Bei dir selbst und jeder einzelnen Interaktion.

Wir wollen gerne das Große und Ganze verändern, was irgendwie gemütlicher, unverfänglicher erscheint. Ist doch gut, ein paar Strukturen in der Organisation zu ändern, ein paar nette Methoden auszuprobieren. Dabei vergessen wir allerdings, dass New Work in der Grundidee, wie auch von Ömer dargestellt, die Frage klären wollte, was wir wirklich, wirklich wollen. Also eine ganz egoistische und persönliche Frage, als Basis aber eine nach wie vor sehr gute Frage. Daher sollten wir bei der heutigen New-Work-Bewegung genau da anfangen. Es muss für jede(n) persönlich geklärt sein, was er oder sie will, um welche Werte es geht und mit welchen Fähigkeiten er oder sie das Berufsleben bereichern möchte.

Denn die eigene Motivation und erlebter Sinn erst lassen einen Größeres schaffen. Das kennen wir von Gründern. Diese glauben so fest an ihre Idee, dass sie es ist, die sie erfolgreich macht. Selten ist es der Wunsch nach mehr Geld, nicht Habgier treibt sie. Sondern ihr Purpose. Und diesen wollen wir in Unternehmen oft beantwortet bekommen – was oft noch nicht gelingt.

Mit der eigenen Reflexion kann es dann weitergehen. Wie gestalte ich in dem Umfeld, in dem ich arbeite, die Arbeitswelt? Und dann erst geht es ums Miteinander, wie aus einzelnen Menschen ein Team wird und diese in einer Organisation zusammenarbeiten. Und das bitte selbstbestimmt. Dabei geht es nicht darum, die Führungskräfte zu entlassen, im Gegenteil. Nur darum, die Form von Führung zu überdenken und je nach Organisation mit oder ohne Führung zu arbeiten. Wie es halt zu euch passt.

Der Kunde im Fokus? Natürlich. Es geht immer noch ums Wirtschaften und darum, einen Wertbeitrag an den Markt zu bringen. Aber mit welchen Interessen? Wachstum? Habgier? Und Kontrolle über die Mitarbeitenden?

Wenn du bereit bist, viele Fragen zu stellen, mit allen Konsequenzen … aus dir selbst heraus ein besserer Mensch zu werden, für dich selbst und alle anderen … mutig bist, wirklich für das einzustehen, was du dir wünschst, was du vom (Arbeits-)Leben willst … dann vielleicht können wir neue Arbeitswelten schaffen. So lange leben wir mit der ehrlichen Auffassung, dass wir noch ziemlich viel von Taylor, Weber und Co in unseren Organisationen finden werden und in kleinen Schritten die Zukunft gestalten.

5 Mach aus dem Mythos ein Erlebnis

Jede Revolution war zuerst ein Gedanke im Hirn eines Menschen.
Ralph Waldo Emerson

Wenn wir über New Work diskutieren, dann kommen immer wieder Debatten auf, dass Menschen lernen müssen, autonom zu arbeiten, dass es ohne Führung stattfindet, der Kunde im Fokus ist und nicht zuletzt bestimmte Methoden dazugehören.

Im Verlauf dieses Buches hoffe ich, dass trotz einiger ungeklärter Fragen eines deutlich geworden sein sollte: Es geht darum, ein Menschenbild zu entwickeln, das auf Werten basiert, die mit Neugierde und Vertrauen einhergehen. Eine gesunde humanistische Grundhaltung. Auf dieser können wir gemeinsam eine Arbeitswelt schaffen.

Ganz individuell: Was will ich selber? Auf Organisationsebene: Wie soll New Work gelernt werden? Aber auch mit allen Fragen (der ganzen Gesellschaft), was Arbeiten der Zukunft darstellt.

In der neuesten Hays-Studie »HR-Report 2021: Schwerpunkt New Work« habe ich zu den Erkenntnissen in diesem Buch noch ein paar spannende Fakten für dich als Leser:in gefunden.

So zeigt die Studie auf, **dass 71 % der Führungskräfte sich schwer damit tun, Macht abzugeben.** Dazu passt die Sicht von 67 % der Mitarbeitenden, die laut der Studie äußern, dass in ihrer Unternehmenskultur eine Macht*verteilung* gar nicht vorgesehen ist.

Und da wundern wir uns, dass wir trotz vieler Initiativen rund um New Work Mitarbeitende haben, die eben nicht wirklich in der Lage sind mitzuentscheiden? Nach Aussage von 53 % der Führungskräfte sind die Mitarbeitenden überfordert! Da lässt unsere »New-Work-Sünde« Hochmut nur grüßen. Wie kommen wir überhaupt dazu, einen anderen Menschen zu entmündigen, diesem weniger zuzutrauen als uns selbst?

Und es ist ebenso nicht verwunderlich, dass 54 % der Mitarbeitenden angeblich nicht in der Lage sind, sich selbst zu organisieren.

Ich frage mich manchmal bei all den scheinbar unwissenden Mitarbeitenden, wie diese überhaupt überleben können. Wer kümmert sich in ihrem Privatleben um diese lethargischen Wesen?!

Eine Zahl fand ich in dieser Studie sehr aussagekräftig. **Das Grundproblem von New-Work-Initiativen wie Selbstorganisation ist die Sozialisierung der Menschen, so 55 % der Befragten: Wir sind es schlichtweg nicht mehr gewöhnt, im Arbeitsleben mitbestimmen zu dürfen!**

Also lass uns doch genau hier ansetzen!

Dabei stellen sich zwei weitere Fragen:

Wie ist eine zukunftsfähige Organisationskultur möglich, sofern alle in ihrer Individualität gefördert werden sollen und gleichzeitig in die Verantwortung miteinbezogen werden müssen, ganzheitlich zu agieren? Und wie ist das Individuum (also der/die Mitarbeiter:in) im Kontext der Organisation zu verstehen?

Im Schulkonzept der Alemannenschule übt sich früh, wie ein junger Mensch mündig und mit eigener Sinnsetzung motiviert und selbstorganisiert handelt. Und kleine Organisationen, Start-ups oder Corporate-Einheiten, die autark arbeiten können, meist mit vielen neuen Mitarbeitenden, schaffen auch schnell solch einen Switch.

Wir in Deutschland sind ein Land voller Industrieunternehmen, geprägt von Taylor. Und zu Taylors Zeit galt ein Menschenbild, das auf Kontrolle setzte. Wir haben viele Jahre einen Weg gewählt, wie Gesellschaft, Schule oder Arbeiten funktioniert. Und nun alles anders?

Nein. **Es sollte weitergehen, ein neues Kapitel sein, ohne die vorherigen Seiten zu vergessen.** Wir arbeiten nun mal ein Jahrhundert nach Management-Prinzipien, die inzwischen eher hinderlich als förderlich sind. Aber wir können auch nicht erwarten, dass eine Veränderung in den Köpfen genauso schnell geht wie all das, was sich gesellschaftlich geändert hat.

Letzte Anekdote: In den Tagen kurz vor Manuskriptabgabe des dir vorliegenden Buches wurde in einem Clubhouse-Talk zur Covid-19-Pandemie New Work als auf seinem Höhepunkt betrachtet. Denn wir sind nun im Homeoffice und total digital. Dass viele Frauen neben Homeschooling und Erwerbsarbeit von Arbeitgebern in Tätigkeiten herabgestuft wurden, diese das teilweise als Entlastung verkauft haben und die 1950er Jahre wieder Einzug hielten, war in diesem Talk eine ernüchternde Erkenntnis, die Viele zu Beginn des Talks einfach nicht bedacht hatten. New Work wäre gewesen, neue Modelle zu finden, wie Menschen Familie und Job so gestalten können, dass beides klappt und Aufgaben nicht »minderwertig« sind, sondern gerade die Organisations-Skills der Frauen genutzt würden. Anekdote zu Ende.

Bestimmt eure New-Work-Story, indem ihr aus euch heraus überlegt, was in der Vergangenheit gut war und was in der Zukunft besser werden soll. Gestaltet neue Lösungen für alte Probleme!

40 % der Befragten der eben angeführten Hays-Studie 2021 wünschen sich einen besseren Umgang mit Veränderung.

Da Veränderung zu einem Dauerzustand wird, streng genommen schon täglich in unserem Alltag zu finden ist, muss hierzu in verschiedenen Formaten jede/r Mitarbeitende eingebunden werden. Jede einzelne Person ist Teil der Veränderung und der Organisationskultur.

Wir müssen **Erlebnisse schaffen**, Formate für lebenslanges Lernen. Weg von einem Design-Thinking-Workshop, hin zu permanenten Reizen à la De Bono. Das Gehirn entwickelt durch Wissen und Erlebnisse neue Gedanken und Ideen. Hier gilt es anzupacken, Lernen und Formate noch weiter zu denken. Nochmal, es geht darum, Erlebnisse zu schaffen. Je intensiver die Erlebnisse, umso einprägsamer die Erinnerung, in unserem Fall, an die Veränderung der Arbeitswelt.

Mache den Unterschied zwischen agil sein und auf agil machen! Setze dem Mythos ein Ende.

New Work ist ein ernsthaftes Auseinandersetzen mit dem Zweck der Organisation und, als Mensch, mit dem, was ich wirklich will, das wissen wir bereits. Aber beide tragen die Verantwortung. Im Kleinen kann Großes entstehen.

Persönliches New-Work-Backlog

Und, war was dabei? Schreibe dir hier deine ersten Erkenntnisse auf, was du nun vorhast. Womöglich schreibe uns als Autoren an und diskutiere mit uns. Vielleicht auch eine Lösung für ein Problem festhalten. Oder eine Idee. Pack es an und nutze dein Backlog.

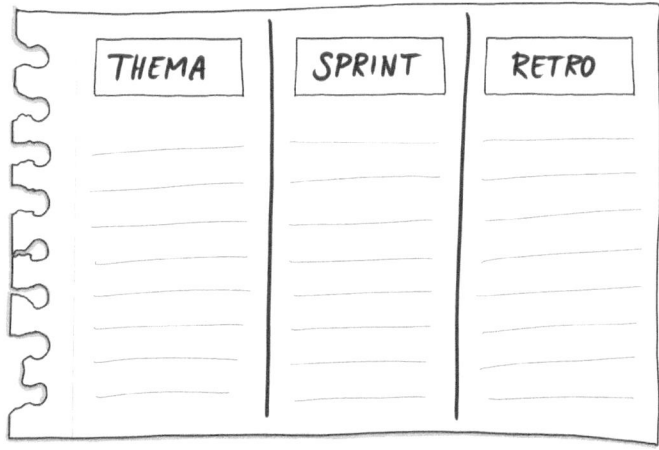

Abb. 35: Persönliches Backlog

Literaturverzeichnis

Letzter Abruf der Online-Quellen: 23.2.21

Alemannenschule Wutöschingen (2017). https://www.alemannenschule-wutoeschingen.de/

Argyris, C./Schön, D. A. (2006): Die Lernende Organisation. Grundlagen, Methoden, Praxis. Stuttgart: Schäffer-Poeschel.

Baecker, D. (2015) Schlüsselwerke der Systemtheorie. 2. Aufl. 2016. Wiesbaden: Springer.

Bergmann, F. (2004): Neue Arbeit, Neue Kultur. Freiamt: Arbor.

Bergmann, F. (2018): Frithjof Bergmann: »Ich ärgere mich sehr, sehr tüchtig«. Interview des Personal-magazins, 27.08.2018, zu New Work. https://www.haufe.de/personal/hr-management/frithjof-bergmann-uebt-kritik-an-akteuller-new-work-debatte_80_467516.html

Bodell, L. (2013): Kill the Company. 12 Killer-Tools für die Wiedergeburt Ihres Unternehmens. Frankfurt/M. + New York: Campus.

Corneo, G. (2014): Bessere Welt: Hat der Kapitalismus ausgedient? Eine Reise durch alternative Wirtschaftssysteme. Berlin + Wien: Goldegg.

Die New-Work-Lüge. Harvard Business Manager 12/2020.

Edmondson, A. (1999): Psychological Safety and Learning in Work Teams. Administrative Science Quarterly Vol. 44, No. 2, pp. 350–383.

Edmondson, A. C. (2018, dt. 2020): The Fearless Organization. Creating Psychological Safety in the Workplace for Learning, Innovation, and Growth. Hoboken, NJ: Wiley.

Elbe, M. (2016): Sozialpsychologie der Organisation, Verhalten und Interventionen in sozialen Systemen. Heidelberg: Springer Gabler.

Felber, C. (2018): Die Gemeinwohl-Ökonomie. Komplett aktualisierte und erweiterte Ausgabe. München: Piper Taschenbuch.

Fischermann, Th. (2020): Corona und die Detektive. DIE ZEIT Nr. 21, 14. Mai 2020.

Fortmann, H. R./Kolocek, B. (Hrsg.) (2018): Arbeitswelt der Zukunft. Trends – Arbeitsraum – Menschen – Kompetenzen. Wiesbaden: Springer Gabler.

Gallup Deutschland. https://www.gallup.com/de/gallup-deutschland.aspx

Geschwill, R./Nieswandt, M. (2016): Laterales Management. Das Erfolgsprinzip für Unternehmen im digitalen Zeitalter. Wiesbaden: Springer Fachmedien.

Gigerenzer, G. (2008): Bauchentscheidungen – Die Intelligenz des Unbewussten und die Macht der Intuition. München: Goldmann.

Göbel, E. (2017): Unternehmensethik. Grundlagen und praktische Umsetzung. 5., überarb. u. aktual. Aufl. Konstanz: UVK/Lucius.

Godin, S. (2008): Tribes, we need you to lead us. New York: Penguin Group (USA).

Goffart, D. (2019): Das Ende der Mittelschicht. Abschied von einem deutschen Erfolgsmodell. München: Berlin.

Goleman, D. (1997): EQ. Emotionale Intelligenz. 27. Aufl. 2017. München: dtv.

Greenleaf, R. K./Spears, L. C. (2002/1977): Servant Leadership. A Journey into the Nature of Legitimate Power and Greatness. New York: Paulist Press.

Grundmann, M. (2017): Gebrauchsanweisung für ein Gefühl: Gier. https://www.zeit.de/zeit-wissen/2017/05/gier-habgier-gefuehl-trieb

Harari, Y. N. (2015): Eine kurze Geschichte der Menschheit. München: Pantheon.

Häusling, A. (2019): Agile Organisationen: Transformationen erfolgreich gestalten, Beispiele agiler Pioniere, 2. aktual. u. überarb. Aufl. 2020. Freiburg: Haufe.

HAYS AG (2019): HR-Report 2019. Schwerpunkt Beschäftigungseffekte der Digitalisierung. Eine empirische Studie des Instituts für Beschäftigung und Employability IBE und Hays.

HAYS AG (2021): HR-Report 2021. New Work. Eine empirische Studie des Instituts für Beschäftigung und Employability IBE und Hays.

Hofert, S. (2016): Agiler führen. Einfache Maßnahmen für bessere Teamarbeit, mehr Leistung und höhere Kreativität. Wiesbaden: Springer Gabler.

Hüther, G. (2015): Etwas mehr Hirn, bitte: Eine Einladung zur Wiederentdeckung der Freude am eigenen Denken und der Lust am gemeinsamen Gestalten. Göttingen: Vandenhoeck & Ruprecht.

IMD World Digital Competitiveness Ranking 2019 results. https://www.imd.org/wcc/world-competitiveness-center-rankings/world-digital-competitiveness-rankings-2019/

Jannsen, B. (2016): Die stille Revolution: Führen mit Sinn und Menschlichkeit. München: Ariston.

Kahneman, D. (2011): Schnelles Denken, langsames Denken. 10. Aufl. München: Random House.

Korte, H. (2017): Einführung in die Geschichte der Soziologie. 20. Aufl. Wiesbaden: Springer Fachmedien.

Laloux, F. (2014): Reinventing Organizations. Ein Leitfaden zur Gestaltung sinnstiftender Formen der Zusammenarbeit. München: Franz Vahlen.

Luhmann, N. (2014): Vertrauen. Ein Mechanismus der Reduktion sozialer Komplexität. Konstanz: UVK.

Mai, J. (o. J.): Ignoranz: Einfach gute Ideen beerdigen. https://karrierebibel.de/ignoranz/ (Abruf 3.3.21)

Marx, F. (3.10.2016): Studie: Nur eine Minderheit der Beschäftigten vertraut ihrer Firma. https://www.businessinsider.de/wirtschaft/studie-nur-eine-minderheit-der-beschaeftigten-vertraut-ihrer-firma-2016-10/

Moser, M. (2017): Hierarchielos führen. Anforderungen an eine moderne Unternehmens- und Mitarbeiterführung. Wiesbaden: Springer Gabler.

Mutaree GmbH: Change-Fitness-Studie 2018/2019. https://mutaree.com/content/change-fitness-studie-20182019

Neuberger, (2002): Führen und Führen lassen. Ansätze, Ergebnisse und Kritik der Führungsforschung, Stuttgart: UTB.

Nowotny, V. (2016). Agile Unternehmen. Göttingen: BusinessVillage.

Okta-Studie (2020): Arbeitsplätze der Zukunft – Wie kann Arbeit nach 2020 gestaltet werden? https://www.it-daily.net/it-management/projekt-personal/24363-arbeitsplaetze-der-zukunft-wie-kann-arbeit-nach-2020-gestaltet-werden

Parsons, T. (1951): The Social System. London: Routledge (auch online).

Parsons, P. /Bales, R. F. (1955): Family, Socialization and Interaction Process. Glencoe, Ill.: Free Press.

Pfläging, N. (2015): Organisation für Komplexität, 2. Aufl. München: Redline.

Raidl, M./Tyborski, R. (2020): Digitale Revolution. Die digitale Überwachung: Wie Unternehmen ihre Mitarbeiter beschatten. Handelsblatt 24.6.20.

Retromat: Du planst Deine nächste Retrospektive? https://retromat.org/de/?id=85-6-95-29-138

Sartori, G. (1992): Demokratietheorie. Darmstadt: Wiss. Buchgesellschaft.

Schein, E. (2018): Organisationskultur und Leadership. 5. Aufl. München: Vahlen.

Schermuly, C. C. (2019): New Work – Gute Arbeit gestalten. Psychologisches Empowerment von Mitarbeitern. 2. Aufl. Freiburg: Haufe-Lexware.

Schumpeter, JA. (1912): Theorie der wirtschaftlichen Entwicklung. Leipzig: Duncker und Humblodt.

Seeley, T. D. (2014): Bienendemokratie: Wie Bienen kollektiv entscheiden und was wir davon lernen können. Frankfurt/M.: Fischer.

Sibbet, D. (2010): Visual Meetings: How Graphics, Sticky Notes and Idea Mapping Can Transform Group Productivity. Hoboken, NJ: Wiley.

Spreitzer, G. M. (1995). Psychological empowerment in the workplace: Dimensions, measurement, and validation. Academy of Management Journal, Vol. 38, No. 5.

Staufen AG/Staufen Digital Neonex GmbH (2019): Erfolg im Wandel. Deutscher Change Readiness Index 2019. https://www.staufen.ag/fileadmin/HQ/02-Company/05-Media/2-Studies/STAUFEN.-Studie-Erfolg-im-Wandel-2019-Webversion.pdf

StepStone GmbH (Juni 2018): Berufseinsteiger im Fokus. https://www.stepstone.de/ueber-stepstone/wp-content/uploads/2018/06/StepStone_Berufseinsteiger-im-Fokus_Recruiting-Insights.pdf

StepStone GmbH (März 2020): Führung in Krisenzeiten. 7 von 10 Arbeitnehmern genießen Vertrauen des Chefs. https://www.stepstone.de/Ueber-StepStone/press/fuhrung-in-krisenzeiten/

Stroh, D. (2019): Agil geht anders. Eine Toolbox für den Führungsalltag. Stuttgart: Schäffer-Poeschel.

Surowiecki, J. (2007): Die Weisheit der Vielen. Warum Gruppen klüger sind als Einzelne. München: Goldmann.

Spierts, M./Vlaar, P./Willener, A. (1998): Balancieren und Stimulieren: Methodisches Handeln in der soziokulturellen Arbeit. Luzern: interact.

Treier, M. (2019): Wirtschaftspsychologische Grundlagen für Personalmanagement. Berlin: Springer Nature.

Zirkler, M./Werkmann-Karcher, B. (2020): Psychologie der Agilität. Wiesbaden: Springer Fachmedien.

Stichwortverzeichnis

Autorin und Illustratorin

Dominique Stroh (Autorin)

Seit über zehn Jahren hinterfragt Dominique Stroh (M.A. Business Coaching & Change Management) klug, wie Führung und Organisationsentwicklung aussehen kann. Sie war selbst viele Jahre Führungskraft, u. a. im Senior Management, und weiß daher, was es bedeutet, in komplexen Zeiten die richtigen Fragen zu beantworten. Und das geht nicht ohne die Mitarbeitenden. Daher ist sie seit vielen Jahren in der agilen Szene. In ganz unterschiedlichen Rollen, mal als Beraterin, mal als Dozentin oder Autorin, unterstützt sie Organisationen, ihre New-Work-Reise ganz individuell zu beantworten.

Frech, spannend und ermutigend coacht sie zum Weg, eine bessere Arbeitswelt zu schaffen.

www.futureworkconsulting.de

Anja von Klitzing-Bantzhaff (Illustratorin und Gastautorin)

Anja von Klitzing-Bantzhaff schafft als Visual Facilitator einen kreativen Rahmen, in dem Gruppen effektiv zusammenarbeiten können. Die visuelle Sinnstiftung bringt Leben in die Workshops. Vorzugsweise solche, in denen es um Organisationen neuen Typs geht. Als Graphic Recorderin übersetzt sie das Geschehen in Workshops und Veranstaltungen live in Wort und Bild. Mit ihren Strategiebildern entstehen einprägsame Vorlagen für Storytelling. Aus ihrer Arbeit als systemische Organisationsentwicklerin ist sie mit den Methoden und Dynamiken in Transformationsprozessen vertraut. Dies kam bei der Illustration dieses Buches auf gelungene Weise zusammen – eine leichtfüßige Co-Creation mit der Autorin Dominique Stroh.

www.thegoodpoint.de

Autor:innen der Gastbeiträge

Ömer Atiker

Ömer Atiker ist Experte für die digitale Transformation: die Veränderung bestehender Organisationen, um neue Möglichkeiten gewinnbringend zu nutzen. Doch Transformation verändert nicht nur Märkte, Geschäftsmodelle und Unternehmen, sondern auch die Art, wie wir alle arbeiten und leben – und dort liegt der Schwerpunkt seiner Arbeit. Mit Frithjof Bergmann arbeitete er von 2004–2006 eng zusammen, unter anderen als Vorstand im Verein »Neue Arbeit, neue Kultur e. V.« Davor gründete er 1996 in den Niederlanden eine der allerersten Internetagenturen, danach eine Agentur für digitales Marketing, die er bis heute leitet. Er ist international arbeitender Berater, Keynote-Speaker, Autor, Dozent, Coach, Unternehmer, E-Learning-Entwickler und ein freundlicher Generalist mit großer Neugier. Besonders macht ihn seine Fähigkeit, komplexe Sachverhalte charmant und unterhaltsam zu erklären und dabei die menschlichen Nuancen nicht zu vergessen. Seit 2017 veröffentlicht er jedes Jahr ein Buch zu seinen Themen.

Mehr über Ömer Atiker finden Sie auf www.atiker.com.

Meike Leue

Bei einem Präsentationstermin fragte mich ein Kunde letztens: »Frau Leue, Sie haben aber einen ungewöhnlichen Lebenslauf: Sie sind Raumplanungs-Ingenieurin, haben im Personaldienstleistungs-Vertrieb gearbeitet, haben ein Learning-Center weiterentwickelt und auf Blended Learning umgestellt und beraten Unternehmen nun in ihrer Lernstrategie. Wie passt das alles zusammen?« Was für eine spannende Frage. Wie gut, dass der Kunde nicht noch meine 25 Jahre Blockflötengruppe und meine Schulzeit auf dem katholischen Mädchengymnasium hinterfragt hat. Kennt ihr das, wenn sich ein roter Faden erst im Nachhinein zeigt? Der rote Faden ist die Fähigkeit zur Moderation unterschiedlicher Interessen, um ein gutes und von allen akzeptiertes Ergebnis zu erzielen. Als Verantwortliche für das Learning-Center moderierte ich zwischen den Lernzielen des Unternehmens, der individuellen Motivation der Mitarbeiter:innen und den Führungskräften in ihrer Rolle als Lern-Coaches. Nun moderiere ich mit Ihnen, den wichtigsten Stakeholdern aus Ihrem Unternehmen, den Prozess zur Findung Ihrer Lernstrategie und die sich daraus ergebenden Maßnahmen, damit Sie für die Herausforderungen Ihres Marktes gewappnet sind. So passt alles zusammen.

Michel Zimmermann

B.A. Soziale Arbeit, M.A. Non-Profit Management –
Schwerpunkt Führungs- und Organisationstheorie.

»Führung« – was ist das? Ich wurde immer geführt! Dafür muss natürlich auch die Bereitschaft vorhanden sein, sich führen zu lassen. Als ich mit 16 beim Dachdecker gearbeitet habe, hatte ich eine sehr »strenge« hierarchisch geprägte Führung – war super! Vielleicht habe ich das damals auch gebraucht? Dann bin ich in die Behindertenhilfe gewechselt und wurde sehr hierarchiefrei geführt. Das war ein starker Kontrast – war super! So musste ich erstmal feststellen, dass viele Wege Potenzial haben und dies auch abhängig von den jeweiligen Lebensphasen beurteilt werden muss. Mit Anfang 20 hatte ich die Gelegenheit, meine erste Führungsrolle einzunehmen mit einem dezentralisierten Team von etwa 30 Teammitgliedern. Ab diesem Zeitpunkt war ich immer hin- und hergerissen zwischen den Erwartungshaltungen meiner Vorgesetzten. Klassisches Top-down-Prinzip, wenig eigene Entwicklung aus dem Team heraus, wenig prozessorientiert. Für meine Person recht unauthentisch. Daher habe ich mich immer tiefer mit der Führungs- bzw. Organisationstheorie beschäftigt, weil ich Alternativen suchte. Aktuell arbeite ich viel im Projekt- und Produktkontext, wo ich mein Verständnis von »Führung« anwenden kann und es vor allem auch zugelassen wird – mit Erfolg!

Heidrun Strikker

Geschäftsführende Gesellschafterin SHS CONSULT GmbH Bielefeld, didaktische Leitung des Masterstudiengangs Business Coaching und Change Management an der Europäischen Fernhochschule Hamburg; Studium der Germanistik, Geschichte und Pädagogik, Betriebspädagogin in der beruflichen Bildung, Referentin Zentrale Weiterbildung Bertelsmann AG, Leiterin Personalentwicklung des Bertelsmann Buchclubs; seit 1992 Lehrbeauftragte der Universität Bielefeld; seit zwanzig Jahren als selbstständige Trainerin, Beraterin und Coach aktiv. Themenschwerpunkte: hierarchieübergreifende Aktivierung in Change-Prozessen, Agile Mentalität, agile Moderation (SPOC©), Generationsaustausch, neue Unternehmenskultur, Offenheit für andere Menschen, kreative Gruppenprozesse, firmen-/bereichsübergreifendes Mentoring.

www.shs-consult.de

Prof. Dr. Frank Strikker

Leitung Masterstudiengang Business Coaching und Change Management an der Europäischen Fernhochschule Hamburg; Geschäftsführender Gesellschafter von SHS CONSULT GmbH; Studium der Germanistik, Pädagogik und Sportwissenschaft, Promotion über Arbeitsmarktpolitik, 2001–2009 Vertretungsprofessur an der Universität Bielefeld, Fakultät für Erziehungswissenschaft, seit dreißig Jahren als Trainer, Berater und Coach aktiv, Forschungsaufenthalte in Russland, Indien, China, Themenschwerpunkte: Gestaltung von Veränderungsprozessen, Beratung für unternehmerische Transition, Executive Coaching, agile Moderation (SPOC$^{©}$).

www.shs-consult.de

Sinisa Jovanovic

Ich bin Sinisa Jovanovic, seit über vier Jahren Führungskraft, selbstständiger Berater und Business Coach. Was mich begeistert ist die Veränderung. Ich habe als Lean Manager mehrere Jahre Lean-Management-Transformationen betreut und Führungskräfte gecoacht. Die Beratersicht habe ich gegen eine Führungsposition eingetauscht. Dabei habe ich erfolgreich selbstorganisierte Teams und agiles Projektmanagement eingeführt. Mein Verständnis von Führung beruht vor allem auf dem Servant-Leadership-Ansatz einer dienenden und visionären Führungsrolle. Die Wertschätzung und das Vertrauen in die Selbstorganisation meiner Mitarbeitenden ist mein Verständnis von moderner Führung. Als Business Coach, Agile Coach/Scrum Master, Lean Manager, Führungskraft und CEO haben sich die Perspektiven geändert – geblieben ist aber die Liebe zur Veränderung.

Philipp Hormel – Innovationsbegleiter bei quäntchen + glück

Philipp ist Diplom Media System Designer und Urvater des Usability-Testessens, das mittlerweile in über zwanzig Städten von Hamburg über Wien bis Tel Aviv aufgetischt wird. Seit über zehn Jahren arbeitet er daran, Innovation voranzutreiben und dabei die Probleme von Nutzer:innen nicht aus den Augen zu verlieren. Bei quäntchen + glück begleitet er Unternehmen dabei, nachhaltige Innovationen für ein lebenswertes Morgen zu entwickeln, und gibt sein Wissen als re:publica-Speaker und Dozent weiter.

Matthias Orgler

Matthias Orgler arbeitet seit mehr als 15 Jahren mit agilen Methoden. Der Serial Entrepreneur hat Erfahrung im Silicon Valley gesammelt und in Deutschland bereits zahlreiche Unternehmen auf ihrem Weg zu mehr Agilität und Innovation begleitet.

Kim Nena Duggen

Als Organisationsarchitektin im Bereich New Work, Selbstorganisation und (IT-)Strategie ist Kim in ihrem Element, wenn sie mit Menschen arbeitet, die selbst etwas tun wollen, anstatt mit Theorie oder Musterlösungen vorliebzunehmen. Situationsgerecht wechselt sie in die Rolle der Beraterin, des Coaches oder der Trainerin – je nachdem, welche individuellen Herausforderungen mit dem Kunden passgenaue Lösungsstrategien erfordern. Erfahrungen aus Jobstationen im Prozessmanagement, als Trainerin im Bereich EAM, RE, Soft Skills, New Work und als gewählter Vorstand einer selbstorganisierten Genossenschaft sowie Weiterbildungen im Bereich Coaching und Konfliktmanagement und das Aufwachsen in zwei Kulturen haben ein breites Fundament gelegt, um sowohl extern als auch intern Organisationen zu entwickeln.